뇌를 알면 인생이 바뀐다

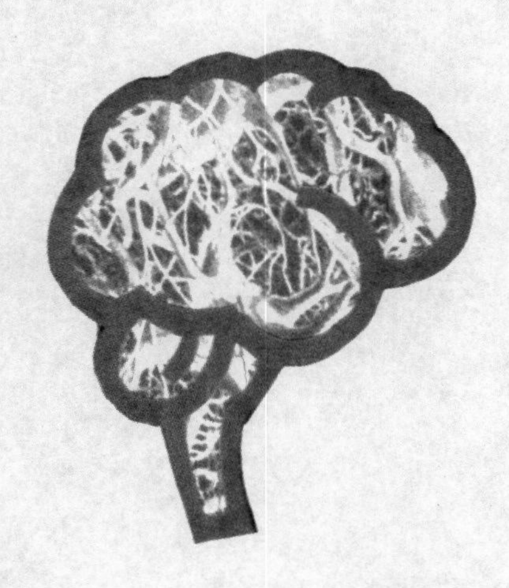

명지사

머리말

각 나라의 대통령이나 수상들의 회담을 수뇌회담이라고 한다. 또 어떤 사업체의 건전성 여부를 말할 때 그 회사에 두뇌가 몇이나 있느냐고 묻는다. 이처럼 뇌라는 말은 한 인간을 지칭하는 말로 쓰여지고 있다. 그것은 뇌가 바로 한 인간의 주체가 되는 것이고 또 인간의 중심부를 이루고 있다는 것을 의미한다.

오늘날의 과학 기술은 하루가 다르게 발달하고 있는데, 이러한 과학의 발달은 결국 두뇌의 산물이다. 따라서 인간의 정신과 육체를 지배하는 뇌를 규명하려는 연구는 지난 수십년 사이에 놀라운 발달을 가져왔다. 20세기에는 물리, 화학을 비롯하여 유전자 물질의 과학도 눈부시게 진보되었다. 그중에서도 생명의 과학, 특히 뇌과학의 급격한 발달은 참으로 경이롭다.

뇌는 참으로 흥미있는 존재이다. 누구나 다 평등하게 한 개씩 두개골 속에 가지고 있다. 그러나 세계 사람들 중 어느 한 사람도 뇌의 활동은 동일하지 않다. 따라서 그 사람의 뇌 활동 여하에 따라 능력의 차이가 생기고, 그 사람의 행동,

지능, 인생이 달라진다. 그러므로 뇌를 우리가 조금이라도 더 이해한다면 보다 나은 삶을 위한 좋은 정보를 얻게 될 것이다.

우리의 뇌가 신체적, 정신적 작용을 총괄하는 사령탑이라는 것은 많은 사람들이 알고 있는 사실이다. 수많은 예술의 걸작품을 만들고, 놀라운 문명 과학을 창조하고, 달 표면을 걸어다님으로써 만물의 영장이 된 인간의 능력은 바로 인간이 갖고 있는 뇌 때문이다.

우리의 뇌는 우리 '마음'의 집만은 아니다. 우리의 자그마한 뇌는 130억년 전에 있었던 우주의 신비에 도전했고, 동시에 원자 레벨의 세계를 탐구한다는 묘기도 부려보았다. 거대한 것으로부터 미세한 것에 이르기까지 이 세상 모든 것의 인식과 연결된 것—그것이 우리의 뇌라고 해도 좋을 것이다.

최근의 의학, 분자생물학의 진보는 눈부신 것이기는 하나 뇌 세계의 모든 것이 밝혀진 것은 아니다. 뇌는 확실히 물질이긴 하지만 그토록 우리에게는 가까이 있으면서도 수수께끼 같은 존재라고 해야겠다. 왜냐하면 삼라만상의 모든 것이 해명되는 날이 온다고 해도 그것들을 인식, 분석하는 뇌 자체의 메커니즘의 수수께끼는 여전히 남아 있을 것이기 때문이다.

사실 뇌가 우리의 정신 활동의 중심이라는 것을 확실히 알게 된 것은 그리 먼 과거는 아니다. 뿐만 아니라 정신 과정이 신경세포나 분자의 활동이라고 일반적으로 생각하게 된 지도 아직 반세기에도 이르지 않았다.

현재 여러 가지 각도에서 여러 방식으로 뇌 연구가 정력적으로 이루어지고 있으나 아직 우리나라에서는 요원하다. 어찌되었든 뇌를 안다는 것은 사람을 아는 것, 즉 당신 자신을 아는 일이다. 뇌는 과연 스스로의 비밀을 밝혀 줄 것인가?

아마도 뇌는 생존하는 시스템 중에서는 우주에서 가장 복잡한 것이라고 해야 할 것 같다. 이 광대한 뇌 세계는 최근 연구의 진보에 따라 차츰 사람들의 관심과 호기심을 자극하게 되어 선진국에서는 많은 서적들이 쏟아져나오고 있는 실정이지만, 우리나라에서는 아직도 미개척 분야로 거의 알려져 있지 않은 것이 사실이다. 현재 미국에는 10만명, 일본에는 만명의 연구자들이 뇌의 연구에 몰두하고 있다.

뇌에 대해 많은 관심을 가지고 있던 필자는 많은 지성인, 학생, 일반인들의 교양을 위해서 과감히 책을 펴내게 되었다. 아무쪼록 이 작은 책이 독자들에게 많은 도움이 되기를 바라면서 동시에 앞으로 전문가들의 권위 있는 책이 많이 출간되기를 바라마지 않는다.

끝으로 이 책을 집필하는 데 국내외의 수많은 문헌들을 참고했으며, 책을 펴내기까지 많은 도움을 준 분들에게 감사를 드린다. 특히 출판 시장의 어려움에도 이 책이 햇빛을 볼 수 있게 흔쾌히 결단을 내려 주신 명지사 박명호 사장에게 다시 한번 감사드린다.

2003년 봄

지은이

차례

3. 뛰어난 건축 재료, 신경세포

4. 뇌 속에는 화학물질이 가득하다

5. 두 개의 대뇌

6. 감각적인 뇌

14. 인공 지능의 시대

15. 인류의 적, 마약

16. 뇌의 질병

17. 뇌사에 대해서

18. 장래의 전망

뇌를 알면 인생이 바뀐다

1. 뇌의 역사와 발달

마이크로의 세계, 뇌의 탐험

인간의 신체를 오케스트라로 비유한 사람이 있다. 인체의 여러 가지 장기(臟器)에는 각기 역할이 주어졌다. 그중에는 스스로의 뜻으로 행동할 수 있는 것도 있고, 신체 중의 하나이면서도 자기 마음대로 하지 못하는 것도 있다. 그 까닭은 각기의 장기가 자기 멋대로 움직여서는 안 되기 때문이다.

개개의 악기가 아무리 연주를 잘해도 조화가 이루어지지 않는다면 단순한 잡음에 불과하므로 그것들을 결집하여 하나의 음악으로 만드는 일이 필요하다. 그 일을 해야 하는 사람이 지휘자이다. 인체에서는 그 일을 뇌가 담당한다. 아마도 척수(脊髓)는 콘서트 마스터라 할 수 있겠다.

인체의 체계적 활동은 매우 긴밀하여 자신의 몸을 언제나 일정한 상태로 유지시키는 능력을 가지고 있다. 가령 출혈이 일어났다면 자율신경의 작용으로 혈관과 비장(脾臟)의 수축이 일어나고, 부신(副腎)으로부터는 에피네프린(아드레날린)이 분비된다. 또 말초신경이 수축되면서 그 부분의 혈류가 작아지고 다량의 출혈을 막는다. 그러면서 뇌나 심장 등 생명 유지에 없어서는 안 될 곳에는 충분한 혈액이 공급된다.

한편 비장이 수축되어 그 속에 비축되어 있던 혈액이 혈류에 가담하여 소실되었던 혈류가 보충된다. 또한 에피네프린도 혈관을 수축시키면서 혈액의 감소로 저하되었던 혈압을 상승시킨다.

이와 같이 인체에는 모든 장기나 조직이 협력하여 생체를 일정한 상태로 보존시키는 자동 시스템이 이루어지고 있는 것이다. 이처럼 모든 신기한 생체를 주도하는 곳이 뇌이다.

가끔 인체를 정밀기계로 비유하는데, 우리의 뇌는 그러한 기계 자체가 안색을 잃을 정도로 정밀하게 되어 있다. 그야말로 인체 밖에서는 상상도 할 수 없는 마이크로(극소)의 세계가 뇌이다. 그래서 우리의 뇌를 작은 우주라고도 한다.

우리의 인체는 세포로 이루어져 있다. 피부도 지방도 뼈도 혈관도 근육도 머리털도 손톱도 역시 세포이다. 뇌도 신체의 일부분이므로 물론 세포로 이루어져있다.

그렇기 때문에 뇌를 연구하는 데 있어서는 신경세포라는 복잡한 구조나 성질을 살피지 않으면 안 된다. 따라서 인내심을 가지고 탐구, 곧 탐험의 정신으로 출발해야 할 것이다.

사람의 마음은 어디에 머물고 있는가

과학의 진보는 기원전 5세기에 벌써 놀라운 수준에 이르고 있었다. 그중에서도 가장 많은 영향을 준 것은 고대 그리스의 학문이었다. 과학자들은 자연계에 대하여 많은 것들을 알고 있었다. 인체에 대해서도 많은 것들을 알고 있었으나 인체의 구조나 기관(器官)의 활동에 대해서는 지극히 초보적인 것뿐이었다.

그 까닭은 아직 광범위한 연구를 위한 기계들이 없었기 때문이다. 인체의 해부도 더러 실시되고 있었으나 그들에게는 기계라기보다 단지 예리한 칼과 좋은 눈이 있었을 뿐이었다. 사실 고대 사회에서는 아직 시체의 해부가 공공연히 용납되어 있지 않았으므로 인체의 구조를 아는 데는 매우 힘이 들었던 시대이다.

따라서 뇌의 발견에는 많은 세월이 흐를 수밖에 없었다. 물론 당시의 의사들도 두개골 속에 있는 뇌, 즉 하얀 젤리 같은 물질로 채워진 것을 보면서 그것들이 두개골 속에 있는 특별한 기관이라는 것을 알고는 있었으나 그 기묘한 기관들이 어떤 활동을 하는지는 모르고 있었다.

아리스토텔레스가 태어난 것은 기원전 6세기의 일이고, 그의 과학에 대한 공헌은 지대했다. 그러나 그도 뇌에 대해서는 별로 관심을 갖지 않았고, 점액을 내는 점액선, 체온을 조절하는 냉각기 정도로만 알고 있었다.

뿐만 아니라 의학의 원조라고 하는 히포크라테스도 뇌가

상하면 사람이 죽든지 신체 반대편의 일부, 특히 손이나 발의 마비가 온다는 것은 알았으나 뇌를 여분의 수분을 체외로 배출하는 일종의 선(腺) 정도로만 생각하고 있었다.

사람의 사고(思考), 판단, 방대한 지식을 기억하는 능력에 대해 주목하고 있던 고대의 과학자들도 사람의 능력이 신체의 어디에 존재하는지 알지 못했던 것이다. 인간의 사고 능력을 지닌 어떤 특별한 기관이 있을 것이라는 생각은 했으나 도무지 알 길이 없었기 때문이다.

이집트인들은 죽은 사람을 미이라로 만들어 보존했으나 뇌의 보존에는 무관심했다. 다른 장기는 특제의 용기에 넣어 미이라 본체와 함께 석관에 넣어두었으나 뇌는 긁어내어 버렸다. 말하자면 고대 과학자들의 뇌에 대한 지식 수준은 아직 거기에 머물고 있었던 것이다.

당시의 사람들은 인간의 사고력이란 육체와 관계없는 독립된 것이라는 생각이 지배적이었다. 그러니까 그 당시의 사상은 인간에게는 두 개의 부문, 즉 활동하는 일을 위해 필요한 에너지를 갖고 있는 복잡한 기계인 육체와 그것을 지배하는 혼이 있다고 믿고 있었다. 그리고 혼은 육체보다 우위에 있다고 생각하고 있었다. 이렇게 분리된 것이기 때문에 사람이 잠을 잘 때나 실신했을 때는 혼이 일시적으로 육체를 떠나 있을 때라고 생각했다.

그래서 의식을 잃는 일이나 아무것도 느끼지 못하는 까닭은 혼이 잠시 동안 육체에서 벗어나 있었기 때문이라고 생각했다. 그리고 혼이 육체로부터 완전히 떠나는 때가 인

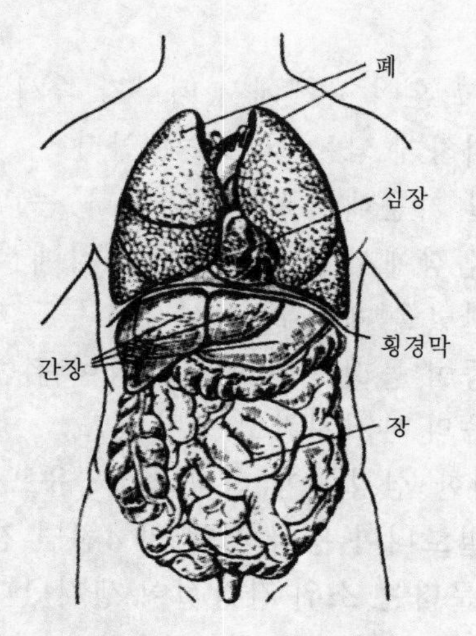

그림 1 · 마음의 자리는 어디에

간이 죽는 때라고 생각했다.

사람들은 이러한 혼이 인체에 머물러 있는 곳이 어디일까를 생각하기 시작했다. 그곳은 심장이나 횡격막일 것이라고 판단했다. 그 까닭은 이 두 곳은 사람이 살아 있는 동안에는 언제나 움직이고 있었기 때문이다.

심장은 1분에 약 75회, 호흡을 돕고 있는 횡격막은 약 20회 수축을 거듭한다. 그러나 그것을 실험하지는 못했다. 단지 부상을 입은 사람들이나 중상을 입은 짐승들을 해부하는 기회를 통해 내장을 보았을 뿐이다.

큰 부상을 당해도 사람의 심장과 횡격막은 평소 때와 같이 활발하게 활동하고 있었다. 그 활동이 정지되자 죽음이 찾아왔다.

그것으로 보아 혼이 존재하는 동안은 이런 기관들이 움직이고 있었고, 그 혼이 육체에서 떠나자 즉시 심장과 횡격막은 활동을 정지하게 되는 것으로 보았다.

흔히 쓰는 말 가운데 '가슴이 아프다'는 말은 사람의 정이나 마음이 심장에서 솟아난다는 생각에서였다. 또 사랑하는 이성을 만났을 때 우리의 심장이 두근거리고, 어떤 불만이나 슬픔 등이 몰려왔을 때도 심장이 뛰는 것을 보고 심장이 바로 마음의 본거지라고 생각했다.

그런데 이러한 심장설이 티그리스·유프라데스강 유역에 건설된 바빌로니아 왕국 시대(약 4천년 전)에는 혼이 간장(肝腸)에 머문다는 소위 간장설이 생겨났다. 오늘날의 아랍인들이 친구를 '간장의 즐거움'이라고 표현하는 것도 이러한 사상의 흐름이 아닐까 생각된다. 역시 우리가 흔히 쓰는 말 중에 '간이 큰 사람' '애간장이 탄다' '간덩이가 부었다'는 말들도 간장에 대한 어떤 연관성을 나타내는 말일 것이다.

동양에서도 사람 내장의 여러 기관에 정신의 자리가 있다는 사고를 가지고 있었는데, 신은 마음에, 혼은 간에, 정(精)은 신(腎)에, 백(魄)은 폐에, 지(志)는 비(脾)에 머문다는 음행오행설에서 온 사상이 그것이다. 사람의 마음 또는 정신은 과연 어디에 있을까?

옛날에도 싸움터에서 머리를 맞아 뇌손상을 입은 사람들이 생기게 마련인데, 그들 중에는 치료를 받고 뇌의 상처가 나았는데도 말을 못하거나 멍하니 있는 사람들이 있었다. 그래서 의사들은 뇌와 언어와의 관계 또는 정신과의 관계가 있다는 것을 알게 되면서 뇌와 마음 또는 정신과의 관계를 연구하기 시작했다.

그러나 뇌가 사람들의 마음 또는 정신이 생기는 기관으로 인식하게 된 것은 겨우 200년 전부터이다. 그것을 확인하는 일은 결코 쉽지 않았다. 그것은 뇌의 기능과 그 구조의 특수성이 너무도 복잡했기 때문이다.

뇌의 발달

모든 자연이 역사의 산물이었듯이 뇌도 역시 역사의 산물이다. 뇌의 역사성에는 두 가지 측면이 있다. 하나는 인류의 역사 즉 종(種)의 역사이고, 다른 하나는 개인의 역사 즉 개체 수준의 역사이다.

또한 인류의 역사란 뇌의 발달 문제이기도 하다. 오늘날 우리의 뇌 속에는 뇌 발달의 역사가 압축되어 있다. 따라서 뇌의 발달을 아는 일은 현대의 뇌를 아는 것이고, 현대의 뇌를 아는 것은 바로 뇌의 발달을 아는 일이다.

뇌의 발달을 아는 또 하나의 측면은 개인의 역사인데, 여기에는 발달과 학습이 있다. 발달이란 사람이 성인이 되기까지 뇌 변화의 역사이고, 학습이란 발달 과정은 물론이고 성인이 되고 난 후에도 계속적으로 일어나는 변화를 말한다.

먼저 인류의 역사, 즉 뇌 발달의 역사를 살펴보도록 하자. 그러나 그것은 현존하는 화석을 통하여 찾는 길밖에 없다.

300~250만년 전 사람의 화석이 발견된 것은 1924년 남아프리카였고, 거의 같은 연대의 화석이 동아프리카에서도 발견되었다. 이 화석의 뇌 용량은 평균치가 441cc였다.

또한 100만년 전의 인류 화석이 탄자니아에서 발견되었는데, 뇌의 용량은 646cc였다. 먼젓번보다 44%가 증가한 상태이다. 여기서 발달한 석기시대의 사람은 '호모 하빌리스'(손쓴 사람)라고 명명했다.

이보다 앞서 1890년 약 70만년 전의 것으로 추정되는 화석이 발견되었고, 뇌의 용량은 850cc였다. 그 후 1920년 중국 베이징에서 뇌의 용량이 1,040cc인 화석 인간이 발견되었는데, '호모 에렉투스'(곧선 사람)로 명명되었다. 같은 것이 유럽에서도 발견되었다.

1856년 독일 네안데르탈에서 역시 화석이 발견되었고(같은 종류의 것이 유럽 각지에서도 발견됨), 이것은 '호모

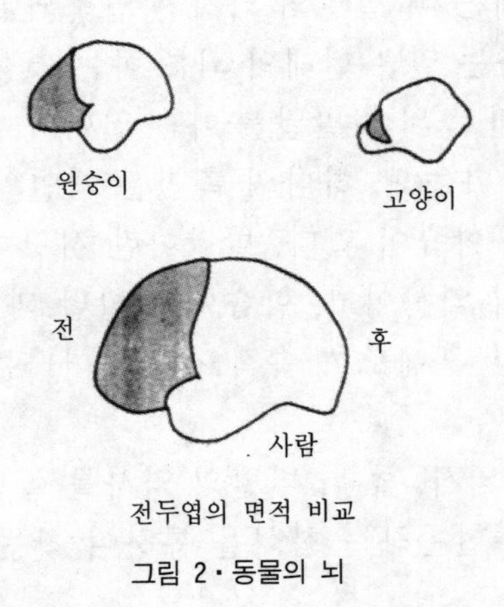

전두엽의 면적 비교

그림 2·동물의 뇌

네안데르탈렌시스'라는 이름으로 명명되었다. 다음의 것은 현대의 우리와 동일한 크기의 뇌를 가진 사람인데, 이것을 '호모 사피엔스'(슬기 사람)라고 부른다. 이것의 가장 오래된 것은 6만8천년 전부터 7만8천년 전 것으로 추정된다. 또 유럽의 것은 3만5천년 전의 것이다.

현대인의 뇌 용량은 1,300~1,400cc인데, 침팬지의 3배 이상이다. 그러니까 사람의 뇌가 이렇게 커진 것은 200만년 전임을 알 수 있고, 결국 뇌의 무게가 200만년 사이에 2.5배 증가한 셈이다.

다음으로 개인의 역사, 즉 개체 인간의 역사를 더듬어보자. 개인의 역사에는 발달과 학습이 있다. 인간 뇌의 최초의 조짐은 수태하면서 형성된 하나의 세포(수정란)로부터 이루어지는데, 그 싹(태아)이 2, 3mm의 길이로 이루어질 때가 임신 후 3주경이다. 그때 태아 내에 튜브같이 생긴 신경관(神經管)이라는 가느다란 구조가 형성된다. 이 신경관의 끝이 부풀어 결국 위로는 뇌로 발달하고, 아래로는 척추로 발달한다.

임신 후 5주가 되면 뇌의 주요한 영역을 분간할 수 있게 된다. 뇌세포는 태생 15주부터 20주에 걸쳐 매우 급속도로 분열을 거듭하고, 그로부터 25주까지는 매우 낮은 수준으로 나타나다가 최종적으로는 140억개의 신경세포로 발달한다. 그리고 그 세포가 이미 정해진 위치로 이동함으로써 뇌와 척추의 주요한 신경회로가 형성되는 것이다. 이와 같은 증가가 이루어진 후에는 더 이상 분열하지 않는다. 결국

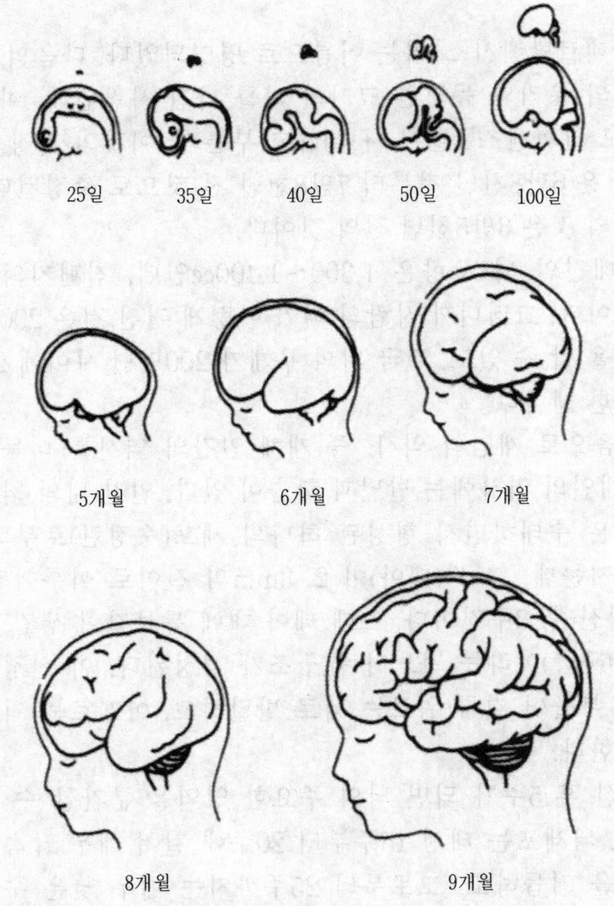

그림 3 · 뇌의 발달(태아)

오늘의 성인과 같은 뇌가 형성되는 것이다. 즉 뇌의 신경세포의 수는 출생과 동시에 완성되는 것이다.

한편 뇌세포는 다른 기관의 세포와는 달리 일단 성장한

후에는 한번 깨어지면 다시 재생하지 못한다. 즉 세포 분열을 못하는 것이다. 출생시의 뇌세포가 숫자상으로는 성인의 뇌와 같이 140억개이지만 아직 활동은 하지 않는다.

그 후 많은 가지(돌기라고 한다)들이 뻗치고 주변의 뇌세포와 엉키며 신경섬유에 덮개가 생기고 나서야 비로소 뇌세포의 활동이 시작되는 것이다. 즉 아기가 태어났지만 다른 동물의 새끼처럼 활동하지 못하는 이유가 여기에 있는 것이다.

스위스의 동물학자 볼트맨이 여러 가지 동물의 새끼들을 조사한 후 인간의 아기와 비교하여, "인간처럼 미숙한 뇌를 가지고 태어나는 동물은 없다. 인간은 생리적으로 조산한다"고 말했다.

사실 다른 동물들의 새끼는 하루 이틀은 좀 나약하지만 며칠이 지나면 어미와 같이 행동한다. 그것은 그들의 뇌가 거의 완성 상태로 태어났기 때문이다.

그와는 반대로 사람의 아기는 생후 1년이 지나야 다른 포유류의 갓 태어난 새끼와 같은 발육 상태가 된다. 그러니까 다른 동물들처럼 사람의 아기가 출생과 동시에 활동할 수 있는 상태가 되려면 적어도 태아가 모태에 1년은 더 있다가 태어나야 한다.

만약 1세 가량(임신 후 20개월 정도)의 아기가 태어난다고 상상해 보자. 그런 아기를 어떻게 뱃속에 가지고 있으며 출산할 수 있겠는가? 그러므로 인간의 아기는 1년 빨리 출생하게 된 것이다. 이런 특수한 출산 방법을 생리적 조산이라고 한다. 이것은 앞으로 뇌의 문제를 다루는 데 매우 중요한 일이다.

이와 같이 인간의 뇌가 생리적으로 조산이기 때문에 당연히 따르는 문제는 갓 태어난 아기가 자기 스스로는 아무것도 할 수 없다는 점이다. 다른 동물들은 그렇지 않은데 유독 인간의 아기만이 그런 이유가 여기에 있는 것이다.

인간의 아기는 그대로 내버려 두면 반드시 죽는다. 어른의 보호 없이는 자력으로 젖도 찾지 못한다. 인간과 가깝게 여겨지는 원숭이도 자력으로 어미의 젖을 찾아 먹는데, 인간은 그렇지 못하다.

그런 의미에서 인간을 다른 동물과 견주어 말한다면 태아 상태로 태어났다고 할 수 있다. 갓 태어난 아기의 뇌는 330에서 400g 정도인데, 남녀의 차이는 없다. 이 무게는 체중의 약 10%로 성인의 뇌가 체중의 2.2%임을 감안할 때 엄청나게 큰 것이다.

생후 뇌의 발달 속도는 신체의 다른 부분보다 빠르다. 6개월이 되면 출생시 뇌 무개의 2배가 되고, 7, 8세에 성인 뇌 무게의 90%에 달하는데, 그 후부터는 완만하게 성장하여 남자는 20세, 여자는 18, 19세에 완성된다. 생후 1년까지 남녀의 뇌 무게는 별 차이가 없으나 그 다음부터 남자 쪽이 무거워져서 완성 후 남자는 1,350~1,400g, 여자는 1, 200~1,250g이 된다. 여자 쪽이 평균 150g 정도 가볍다.

20세에 완성된 남자의 뇌는 50세경까지 무게는 별로 큰 변동이 없으나 그 후부터 아주 조금씩 가벼워지는 경향이 나타나고, 60세가 지나면 그 감소가 눈에 띈다.

이와는 달리 18, 9세에 완성된 여자의 뇌는 그 후 조금씩 가벼워지지만 50세경에는 도리어 무거워진다. 하여간 이렇게 뇌의 발육과 기능이 완성되는 데 장시간이 걸리는 동물은 따로 없다. 그런데 이것이 바로 인간이 다른 동물과 비교할 수 없는 우수한 두뇌를 갖게 되는 원인이기도 하다.

또한 다른 동물에 비해 대뇌가 극단적으로 크다는 것도 특징이다. 발달한 대뇌의 표면에 나타난 대부분은 대뇌신피질이라고 하는데 주름이 져 있다. 그것을 펴면 보통 신문지 1면 정도의 크기이다. 이 정도의 크기를 좁은 머리통 속에 집어넣기 위해 주름이 만들어지고 도랑이 생긴 것이다.

그러나 도랑이나 주름이 많다고 해서 반드시 지능이 높다고 할 수는 없다. 돌고래의 뇌는 사람보다 크다. 여기서 인간의 뇌가 성장한다, 또는 무게가 증가한다는 말을 하는데, 어떻게 뇌가 성장하는가 하는 것을 알 필요가 있다. 이미 언급한 대로 뇌는 성장하는데, 그 성장은 뇌세포가 증가하는 것이 아니라 뇌세포가 만들어내는 가지(돌기)의 숫자가 증가하는 것을 말한다.

여기서 말하는 뇌세포는 신경세포이다. 신경세포가 가지를 치는 까닭은 신경세포가 정보를 전달하는 데 필요하기 때문이다.

그것은 마치 통신망을 가설하는 것과 같다. 통신망 없이는 어떤 정보도 출력이나 입력을 할 수 없다. 그러니까 신경세포의 가지치기는 인간에게 절대 필요한 일이다.

뇌의 성장과 자극

아기 뇌의 성장 발달에 꼭 필요한 것은 뇌의 가지치기, 즉 돌기가 생기는 것인데, 이 돌기가 생기기 위해서는 반드시 있어야 하는 것이 있다. 그것은 사람에게 가해지는 모든 자극이다.

그러면 어떤 자극인가? 아기가 태어나면서부터 주변에서 일어나는 모든 일, 즉 사람, 짐승, 기계, 자연의 모든 소리, 아기가 볼 수 있게 되면서부터 자기 눈으로 보는 모든 것, 그리고 아기가 움직이면서 만지거나 접해지는 모든 것, 다시 말하면 주변에서 일어나는 모든 것들이 바로 자극이다.

물론 거기에는 밖으로부터 오는 많은 자극도 있다. 이러한 자극은 우리의 뇌세포를 자라게 만든다. 세포의 숫자가 아니라 세포가 치는 가지인 것이다. 그러므로 이 자극은 매우 중요하다. 이렇게 자극은 수상돌기(樹狀突起) 등의 가지를 치게 하는데, 그것이 너무 복잡하게 보이기 때문에 사람들은 세포가 얽힌다고 말한다. 이러한 가지치기는 어떤 일을 하는가?

그것은 인간에게 절대 필요한 정보의 활동을 위한 정보망, 네트워크를 위한 기초를 구축하는 것이다. 그러니까 이러한 자극이 없으면 인간으로서의 정상적인 활동이 이루어지지 않는다. 한 실례로 자극을 덜 받은 사람이 어떻게 되었는가를 살펴보자.

그것은 '제니'라고 하는 미국의 소녀 이야기이다. 이 소녀는 오늘날 '현대의 이리 소녀'라고 말해지고 있는데, 여기서 말하는 이리 소녀는 금세기 초에 인도에서 발견된 두 소녀 아마라와 카마라를 말한다. 이들 두 소녀는 이리들 속에서 자라면서 모든 생활을 이리처럼 생활했기 때문에 인간의 생활로 돌아오는 데 매우 힘이 들었고, 아니 거의 불가능했다. 육체적으로나 정신적으로 인간 교육이 힘들었던 것이다.

제니도 아기를 극도로 싫어하는 아버지와 소경인 어머니 사이에서 태어난 아이였다. 생후 반년경까지 정상으로 자랐다는 의사의 기록이 있으나, 20개월쯤부터 작은 골방에 갇히고 발가벗긴 채 나무의자에 묶였다. 식사는 우유와 다른 유동식 식물이었고, 아버지는 아무 말도 없이 음식을 입에다 강제로 쑤셔넣었다. 깨물어 먹지도 못하게 했다. 물론 엄마는 가까이 가지 못하게 했다.

줄에 묶인 제니의 피부를 자극하는 것은 손과 손가락, 발과 발가락, 나무의자와 줄뿐이었다. 물론 아버지는 한마디 말도 안 했다. 어쩌다 제니가 소리를 지르면 몽둥이로 때리고 화를 냈다. 그래서 제니는 한마디의 말도 못 들었고 말도 하지 못했다. 제니가 들을 수 있었던 소리의 자극은 하늘을 날으는 비행기 소리나 근처를 달리는 자동차의 클랙슨 소리 정도였을 것이다.

제니가 볼 수 있는 공간이란 좁은 방과 약간 열려진 창문 사이의 좁은 간격을 통해 볼 수 있는 하늘뿐이었다. 물론 일어서지도 못했고 걷지도 못한 채로 살아온 것이다. 대소변은 물론 그냥 흘러내렸을 것이고, 그 방안의 공기나 냄새는 지독했을 것이다. 당연히 손발은 구부러졌고, 겨우 지를 수 있는 것은 가느다란 신음소리 같은 것이었다.

그렇게 지낸 지 10여년, 견디다 못한 어머니가 병원으로 끌고 감으로써 비로소 제니의 존재가 세상에 알려진 것이다. 13세 때였다. 그녀의 체중은 20kg, 그야말로 무표정 무감동이었고 울지도 않았다. 음식을 씹지도 못해 삼키는 것도 매우 어려웠다고 한다. 손발을 뻗치지도 못했고 바로 일어서지도 못했다. 누가 말을 걸어도 전혀 이해하지 못했다. 그녀는 말을 몰랐기 때문에 스스로 말을 할 수 없었다. 머리카락은 오므라들었고 머리숱도 적었으며 침을 흘리고 있었다. 발견되고 나서 6년간 전문가에 의해 모든 인간적인 지도가 행해졌다.

그런데 제니에게 다른 점 하나는 강한 호기심이 보였다는 것이다. 말을 배우기 시작하여 1년이 지나자 빨간색, 녹색 등의 의미를 알게 되었고, 3년경에는 꽤 많은 단어를 외었으나 물론 보통 사람이 하는 것과 같은 회화는 할 수 없었다. 보행 연습도 하여 어정어정 걷게 되었다. 뇌파 검사를 했더니 우뇌는 움직이는데 좌뇌는 전혀 움직이지 않았다. 그리하여 겨우 손으로 도구를 쓰는 일과 그림 그리기를 하게 되었다.

제니의 인생에서 배우게 되는 것은 출생시에 신체는 정상적으로 태어났지만 그 후에 보고 듣고 만지고 맛을 보고

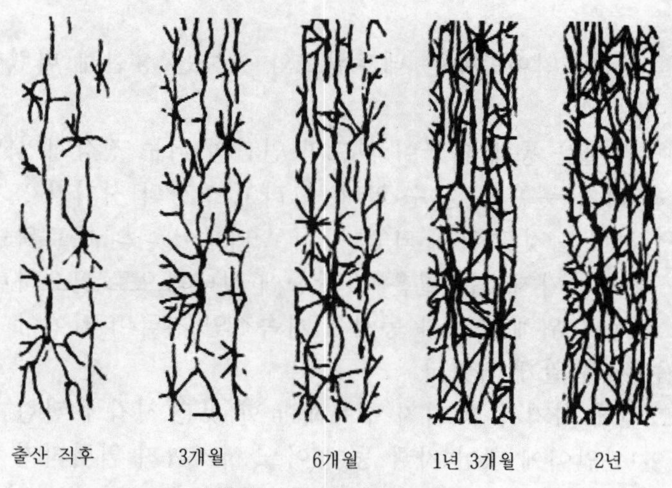

그림 4 · 뇌세포의 얽힌 모양

냄새를 맛는 일, 즉 오감에 자극을 주는 환경에서 갖가지 경험을 하지 못하면 뇌 활동에 절대로 필요한 네트워크가 만들어지지 않는다는 사실이다.

뇌의 네트워크, 즉 수상돌기, 축색돌기(軸索突起) 등의 가지가 뻗지 못한다면 뇌는 아무런 활동도 못한다는 것이다. 물론 뇌에는 140억이나 되는 신경세포가 있다. 그러나 그것만으로는 아무런 일도 하지 못한다. 그러니까 가지를 뻗으면서 정보를 받아들이고 연결시키면서 활동하지 않으면 뇌는 단지 세포의 덩어리에 불과하다는 사실이 확증된 것이다.

제니는 10년 이상이나 말을 듣지 못했다. 물론 태어나서 1년 반 가량 소리와 말을 들었을 것이나, 그 후 전혀 듣지 못했기 때문에 뇌에 입력되는 기회를 잃었던 것이다. 그래서 좌뇌의 언어중추는 네트워크의 기능을 상실해 버렸던 것이다.

이 사실을 통해 자극이 없으면 인간의 뇌는 정상적인 발달을 하지 못함을 알 수 있다. 그리고 성장의 시기가 또한 중요하다는 것도 알게 되었다. 이로 미루어 뇌의 네트워크, 즉 세포의 가지치는 일은 뇌 활동에 절대적으로 필요하며, 그 활동을 위해 출생과 동시에 계속적인 지극이 있어야 한다는 것을 알게 되었다.

그런데 여기서 한 가지 주목해야 할 것은 시각에 관한 자극이나 언어에 대한 자극 등이 어느 시기까지 익혀지지 않으면 보지 못한다든가 말을 못하는 경우가 일어나는 임계기(Critical Period)라는 시기가 있다는 사실이다. 임계기에 관해서는 다음 항에서 설명한다.

삼위일체의 뇌

보통 인간을 말할 때 다른 동물과 다른 존재라고 말하는데, 그 이유 중의 하나는 이성적인 존재임을 내세운다. 이성 있는 존재인 인간은 사회의 질서를 유지하고 살아가기 위해 어떤 규범을 만들어 살아가고 있는데, 한편으로는 이성을 잃은 동물적인 행위도 서슴지 않고 저질러 사회를 혼란에 빠뜨리는 존재인 것도 부인할 수 없다.

왜 이렇게 인간은 이중적인 인격을 지니고 살아가고 있는가? 우리 자신마저도 어리둥절하게 만드는 우리 인간의 정체는 어떤 것일까?

아마도 많은 사람들이 이런 문제에 직면할 때마다 번민과 함께 회의에 빠진 경험이 있을 것이다. 그런 생활에서 벗어나 보려고 종교를 찾고, 도덕 재무장을 제창하고, 또는 인간 수련을 위해 명상과 같은 수도 생활에 들어가기도 한다. 한마디로 인간은 이성적이고 냉철하게 사리에 맞는 행동도 하지만, 동시에 무분별하고 사리에 맞지 않으며 지각이 없는 행동도 서슴지 않는 존재라는 것을 아무도 부정할 수 없다.

그런데 이런 이중적인 인격의 원인에 대해 인간 뇌의 성립 과정을 밝히면서 아주 재미있게 설명한 학설이 있다. 이것을 제시한 사람은 미국 국립정신위생연구소 뇌진화행동 연구실장인 폴 맥클린이다. 그는 뇌의 발달 과정과 구조를 나타내는 매력적인 모델을 제시했다.

그의 주장에 의하면 사람이나 원숭이 같은 고등생물의 뇌는 발달 과정에 존재했던 세 개의 뇌를 결합시킨 것과 흡사하다고 했다. 그러니까 인간의 뇌는 아주 오랜 세월의 발달 과정을 거치는 사이에 그 구조나 기능이 각각 다른 세 가지의 단계를 거쳐 성장하고 발달했다는 것이다.

인간 뇌의 최초 구조를 파충류뇌라고 한다. 즉 모든 동물의 기본 구조가 되는 뇌를 인간도 지니고 있는데, 그것이 현재 파충류가 갖고 있는 뇌와 같은 형태이므로 파충류뇌라고 부른 것이다.

그런데 파충류뇌의 형태가 우리 인간 뇌에서 완전히 자취를 감추고 새로운 것으로 진화되었는가 하면 그렇지가 않다. 즉 과거의 뇌가 퇴화되어 없어진 것이 아니고 그 형태는 지금도 남아 있는 것이다. 변형된 흔적으로 우리의 새로운 뇌 가운데 남아 있을 뿐만 아니라 그 특유의 기능까지도 여전히 발휘하고 있다는 것이다. 그것이 어디 있는가 하면 우리 뇌 속 깊숙이 자리잡고 있는 뇌간 끝 부분이다.

맥클린은 이 부분, 즉 척수, 연수, 교(橋), 중뇌를 합쳐 신경 시스템의 섀시(차대)라고 불렀다. 섀시인 옛 뇌에는 심장 박동의 조절, 호흡 리듬의 조절 등 생물의 자기 보존을 위해 불가피한 신경 시스템이 있는 곳이다. 그러니까 생물의 생존과 관계가 있는 중요한 부분이다.

그러나 섀시는 자체로서는 어떤 목적지를 향해 가려는 의지가 없다. 단지 작동만 하고 있다고 보아야 한다. 그래서 우리가 흔히 말하는 동물적인 상태가 유지되는 곳이 바로 이 섀시만이 움직이고 있는 때를 말한다. 이것을 다른 말로 '파충류 복합체' 또는 'R복합체'라고 부르는데, 주로 대뇌기저핵(Basal Ganglia)으로 이루어진다. R복합체

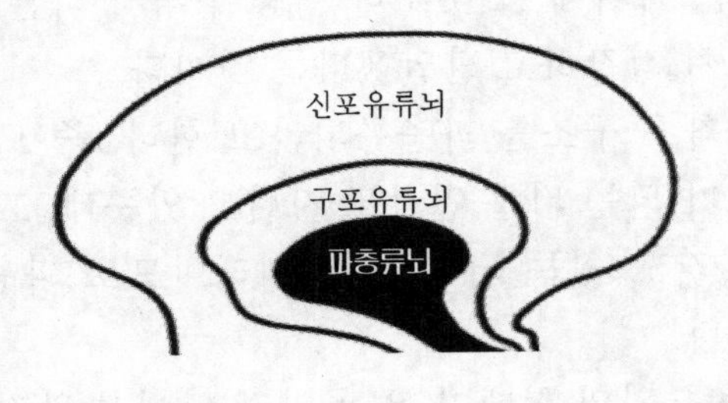

그림 5 · 뇌 변화의 단계

는 파충류 뿐만 아니라 하등포유류나 고등포유류에도 있으며, 수억년 전에 진화된 뇌이다.

파충류뇌가 하는 일을 자동차의 차대로 비유했지만, 그 행위가 어떤 것인가 하면 이미 언급한 생명 유지와 종족 유지 등의 행위만을 한다. 즉 식욕, 성욕, 모여서 살려는 군집욕 등 소위 본능적인 행동만 한다. 그러므로 그것이 비록 뇌속 깊숙이 있다고는 하나 본능적인 욕구가 우리 인간을 여전히 사로잡고 있다는 것을 잊어서는 안 된다. 소위 비인간적이고 잔인한 행동을 하게 되는 의문이 여기서 풀리는 것이다.

우리의 뇌는 R복합체를 둘러싸고 새롭게 진화된 뇌도 있다. 이것을 구포유류뇌라고 하는데, 구포유류란 말은 하등포유류를 뜻한다. 즉 하등포유류에 생긴 뇌는 대뇌변연계(Limbic System)를 말하는데, 파충류에는 충분히 발달되어 있지 않은 뇌이다(쥐와 같은 동물).

그러니까 파충류뇌에서 볼 수 없는 새로운 뇌가 발달하여 뇌의 대부분을 차지하게 되어 인간의 본능적 행위의 많은 부분을 억제하고 조정하게 되는 것이다. 또 기능상으로는 개체 유지를 위한 체온, 혈압, 호흡 등 생리작용과 하등의 감정을 조정한다. 그것이 대뇌변연계이다. 대뇌변연계 주변을 다시 대뇌신피질이 덮어씌우고 있다. 이 신피질은 고등포유류가 되면서 발달된 뇌인데, 수천만년 전에 진화되었다고 알려지고 있다. 이것을 신포유류뇌라고 한다.

파충류뇌는 천성적인 행동만 한다. 이미 말한 본능적 행동, 따라서 공격적인 행동의 지배를 받는다. 맥클린은 이런 것이 오늘날 의식적인 행동이나 계급적인 사회를 도모하는 권위적 행동의 근간이 되는 것이라고 말했다. 즉 조직을 만들고, 우두머리가 있고, 거기에 절대 복종하도록 만드는 기질이 있다는 것이다.

그러나 구포유류뇌, 즉 대뇌변연계는 동물적인 본능과 함께 자기 새끼를 돌보아주는 본성이나 과거의 경험을 기억하는 능력 등도 있는 비교적 정감이 있는 뇌이고 기능적으로도 많이 발달된 뇌이다. 나중에 생긴 신포유류뇌, 즉 대뇌신피질은 가장 발달된 뇌로 오늘날 우리 인간이 가지고 있는 모든 것을 구비한 뇌이다.

따지고 보면 인간은 이러한 세 가지의 진화 과정을 통하여 이루어진 뇌를 지니고 있다. 말하자면 옛 부분과 새 부분이 축적된 뇌를 지니고 살고 있다. 즉 본능적인 뇌, 정동적인 뇌, 그리고 이성적인 뇌를 가지고 있으므로 이것들이 밀접한 정보를 교환하면서 활동하고 있는 것이다. 그래서 이것을 '삼위일체의 뇌'라고 학자들은 말한다.

삼위일체의 뇌는 결국 인간의 뇌가 점진적으로 발달하게 된 과정을 설명한 것으로 인간의 뇌 무게가 증가하게 된 원인이기도 하다.

뇌의 발달과 임계기

생물의 모든 발달 과정이 그러하듯이 뇌의 발달 과정도

역시 유전적인 요인과 환경적인 요인이라는 상호작용에 의해 진전된다. 그런데 뇌의 구조와 기능이 매우 복잡하기 때문에 환경 요인이 갖는 의미는 다른 장기의 발달보다 훨씬 크다. 환경 조건에 따르는 뇌의 변화는 이미 태아 시대부터 나타난다. 여러분은 기러기나 오리 같은 동물들이 언제나 한 줄로 쭉 줄을 지어 날거나 헤엄치며 가는 것을 보았을 것이다. 이들에게는 태어나면서부터 따라다니는 습성이 있다.

1973년 노벨의학·생리학상을 받은 로렌츠는 닭의 수정란을 인공적으로 부화했을 때 갓 태어난 병아리가 처음에 본 것이 어떤 동물이었든간에 자기 어미로 여기고 좇아다니는 것을 발견하고 연구를 시작했다. 비록 처음 본 것이 사람이었다고 해도 사람을 어미로 믿고 따라다닌다. 이것은 어미닭 혹은 사람의 모습이 새끼의 눈을 통하여 뇌에 박혔기 때문이다. 그 박히는 것을 각인이라고 한다.

새끼 병아리의 뇌에 가장 민감하게 각인되는 시기는 알에서 부화된 후 12시간에서 24시간 동안이고 32시간이 지나면 강한 각인은 되지 않는다고 하는데, 이러한 때를 임계기라고 한다. 그러나 사람의 경우는 아직 알려진 것이 없다.

말을 배우는 것과 말하는 것, 눈으로 보는 데는 부분적인 임계기가 있다. 우선 사물을 보는 것, 즉 시각에 대해 살펴보자. 베벨과 비젤 등은 생후 3주일에서 3개월까지의 기간에 새끼 고양이의 한쪽 눈을 하룻동안 봉합하는 실험을 했다. 그런데 단 하룻동안만 봉합했는데도 고양이의 시력은 약해졌으며, 그것은 평생 지속되었다는 것이다.

시각영역란에서도 상세하게 언급되겠지만, 어린아이의 경우도 역시 장기간 눈을 보지 못하도록 덮어 버린다면 시력의 약화를 가져온다. 특히 한쪽 눈만 가리는 경우가 더욱 그렇다.

보비라는 아이의 예를 들어보자. 두 살 때 왼쪽 눈꺼풀에 생긴 종기를 안과 의사가 치료한 후 손을 대지 못하도록 안대를 덮었다가 1주일 후에 뗐다. 그 후 아이는 아무 이상이 없었다.

그런데 보비가 초등학교 1학년이 되어 학교에서 신체검사를 했는데 왼쪽 눈의 시력이 떨어졌다. 안과 의사에게 부모가 진찰을 의뢰하여 안구 검사를 했으나 이상이 없다는 결과와 함께 근시가 된 모양이니 안경을 끼면 된다고 통보해 왔다. 수정체도 완전하고 망막도 정상이었으나 보비의 시력은 여전히 약한 채로였다.

아무도 그 원인이 두 살 때 안대로 눈을 가렸던 일 때문이라고는 생각하지 못했다. 1주일 정도 안대로 눈을 가렸던 것이 보비의 시력을 약화시켰던 것이다. 그것을 알게 된 것은 후의 일이다.

그러면 이런 임계기를 지난 성인의 경우는 어떨까? 성인들의 눈은 며칠씩 캄캄한 방에서 지내도 눈이 보이지 않는 경우는 전혀 없다. 왜 어린이의 눈에 이러한 현상이 일어나는가의 해답은 '사물을 볼 수 있는 뇌'(7장)에서 찾게 될 것이다. 참으로 놀라운 일이 눈에서 벌어지고 있는 것을 발견하게 될 것이다.

언어에 대한 임계기를 간단하게 알아보자. 갓난아기는 물론 말을 못한다. 그러나 1주일만 지나면 아기는 사람들의 언어에 포함된 모든 소리를 낼 수 있다. 그 후 아이들이 말을 익히게 되면 그 언어에 없는 소리를 내는 능력은 없어지고 만다.

그러니까 사람의 아기는 출생시에 방대한 종류의 소리를 듣는 것과 동시에 그 소리를 사용할 가능성을 갖고 있다. 그러나 성장하면서 사용하지 않음으로써 그 능력을 잃었고, 단지 극히 적은 일부분만을 간직하게 된 것이다. 다시 말하자면 사람은 많은 언어를 사용할 수 있는 존재이다.

그 좋은 예를 들어보자. 유명한 웹스터 영어사전을 완성한 웹스터는 그 부친의 교육 계획에 의해 언어를 배우게 되었다. 그 계획은 출생과 동시에 몇 개국의 언어를 가르친다는 것이었다. 그러기 위해 부친은 그 계획을 가족들에게 알렸다. 그것은 이 아이를 대하면서 사용하는 언어는 각자가 약속한 언어만을 사용해야 한다는 것이었다.

할아버지에게는 독일어만 사용하게 했고, 아내에게는 프랑스어, 자신은 영어를 사용하고, 그리고 하인은 북국 사람이었는데 그의 본토말만을 사용하게 했다. 이 계획은 차질없이 실행되면서 아기는 자랐다. 아이는 자라면서 사람에 따라 다른 말을 하게 되었다. 물론 영어만을 사용하는 이웃들과는 영어를 사용했다. 결국 아이는 4개국의 언어를 유창하게 말할 수 있었다.

그런데 웹스터가 성공한 이유 중 가장 큰 것은 그가 바로 출생 때부터 말을 듣고 익혔기 때문이다. 이와 같이 언어란 어릴수록 아무런 힘도 들이지 않고 익힐 수가 있는 것이다. 문제는 나이가 적을수록 언어의 습득이 유리하다는 점이다.

따라서 외국어 공부는 나이가 어릴수록 유리한 것은 당연하다. 결국 언어 습득은 나이와 관계가 깊다. 그런 점에서 언어에 대해서도 임계기는 있는 것이다.

뇌 연구에 도움이 된 것들

(1) 뇌지도

뇌지도는 뇌의 특수 기능 배열도이다. 1870년 프리치와 히티지그는 개를 실험하여 대뇌의 기능이란 전체적으로 동일한 것이 아니라 그 위치에 따라서 다르다는 것을 주장했다. 그것이 기능국재론(機能局在論)인데, 물론 이러한 주장은 당시 여러 학자들이 주장해 온 기능국재론을 실험적으로 증명한 논문이었다.

그것이 계기가 되어 더 많은 학자들의 연구와 실험이 계속되었다. 그중에 가장 두드러진 연구자는 캐나다의 외과의사 펜필드이다.

그는 뇌 환자의 치료에 임해서 노출된 대뇌 표면을 전기로 자극하여 환자로부터 응답을 받는 방법으로 뇌기능을

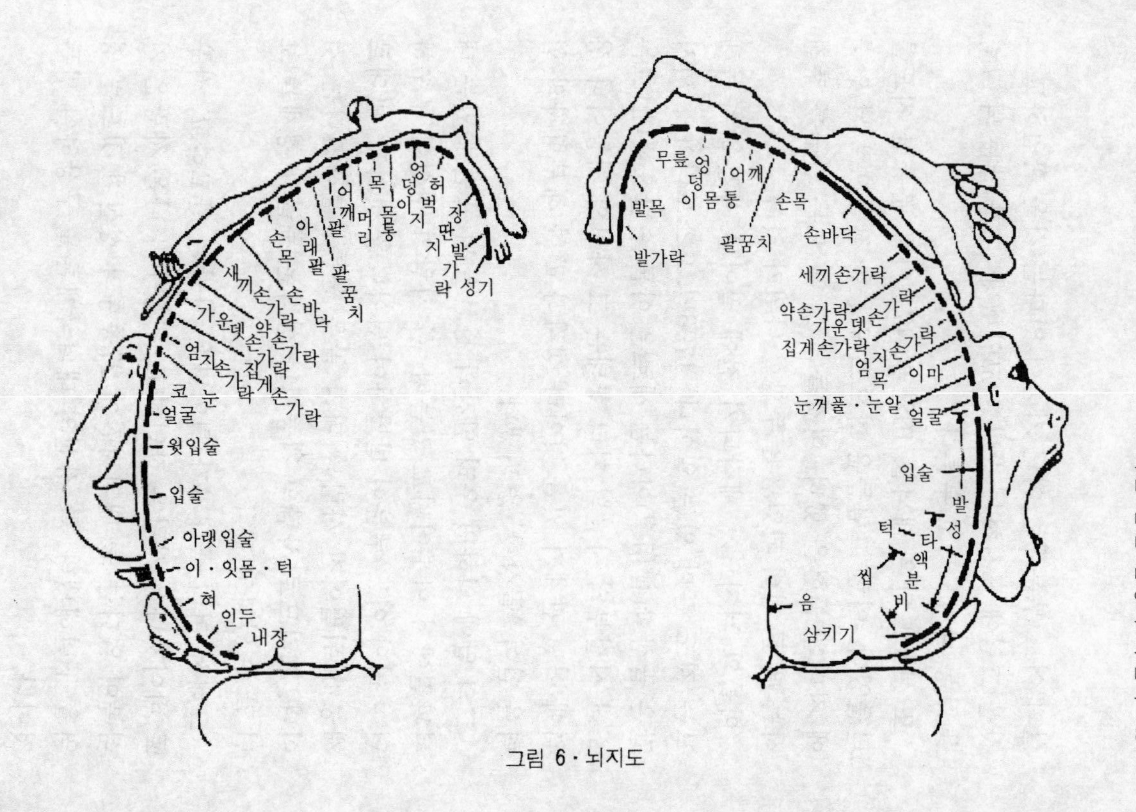
목
머리
몸통
엉덩이
허벅지
장딴지
발가락
성기
어깨
팔
팔꿈치
아래팔
손목
손바닥
세끼손가락
약손가락
가운뎃손가락
집게손가락
엄지손가락
눈
코
얼굴
윗입술
입술
아랫입술
이 · 잇몸 · 턱
혀
인두
내장
무릎
엉덩이
몸통
어깨
손목
발목
발가락
팔꿈치
손바닥
세끼손가락
약손가락
가운뎃손가락
집게손가락
엄지손가락
목
이마
눈꺼풀 · 눈알
얼굴
입술
발성
턱
타액분비
씹
음
삼키기

그림 6 · 뇌지도

살펴 어느 부분에는 어떤 기능이 있다는 것을 확인하고 그것을 그림에 표시하는 방법을 고안했다. 그가 만든 뇌 그림을 보통 뇌지도라고 부른다.

또 브로드만은 대뇌를 10영역, 47분야로 분류한 지도를 만들었다. 이런 그림들은 참으로 귀중한 작품으로 뇌 연구에 지대한 공헌을 했다. 이것들은 그 후 모든 연구를 추진하는 데 큰 힘이 되었음은 두말할 나위가 없다.

이들의 뇌지도가 제작되기 전에 일어난 사건을 주목해 보는 것도 흥미 있는 일이다. 1796년 오스트리아의 의사 갈은 골상학(骨相學)이라는 새로운 이론을 발표했다. 그는 소년 시절부터 사람의 머리 형태는 그 사람의 재능이나 성격에 어떤 관계가 있을 것이라 생각하고 한 해부학자의 협력을 얻어 '골상학'을 펴냈다.

그의 말에 의하면 우리 인간의 정신은 뇌 표면에 있는 대뇌피질에서 이루어지고 있는데, 한 사람의 정신이 우수하면 머리의 어느 부분이 발달하여 튀어나올 것이고, 반대로 재능이 뒤떨어진 사람의 머리 골은 울퉁불퉁해진다는 것이다. 그러므로 사람의 재능이나 성격은 두골의 형체를 보면 알 수 있다고 했다.

그래서 머리 꼭대기가 튀어나온 사람은 완고하고, 좌우로 비어져나온 사람은 잔인하고, 뒤통수가 나온 사람은 자식복이 없다는 등 대뇌피질에 27종류의 정신이 깃드는 영역을 구별해냈다. 즉 정신의 대뇌국재론을 구상하여 만든 것이다.

물론 물의가 일어났다. 유물론적인 사상이라느니 국가, 종교, 교의와 맞지 않는다는 등의 이유로 오스트리아 정부의 금지 명령을 받자, 그는 파리로 옮겼다. 그러나 19세기 전반에 유럽이나 미국에서는 대단한 반향을 불러일으켜 일종의 유행까지 일으켰다.

그것은 과학적인 근거가 없는 학문이었기에 사그러지고 말았으나, 프랑스 정부가 그것이 과학적으로 옳은가 아닌가에 대한 연구서를 제출하는 자에게 상금을 걸었을 정도였으니 대단했음을 알 수 있다. 그것은 후에 펜필드의 뇌지도 발표로 허구임이 밝혀졌으나, 대뇌의 기능 연구를 발전시키는 자극제가 된 것은 사실이었다.

(2) 뇌 파

이탈리아의 해부학자 갈바니의 개구리 근육 수축에 대한 연구 후, 1880년경 영국의 케이튼이라는 생리학자는 근육에 전기가 발생한다면 뇌세포가 활동할 때 활동전위(Action Potential)를 발생시킬지도 모른다는 생각이 떠오르자 실험을 하기 시작했다.

그는 토끼의 뇌를 노출시켜 그 표면에 전극을 대어 그것을 예민한 전류계에 연결시켜 보았다. 그랬더니 바늘이 떨리기 시작하여 그것으로 분명히 전기가 발생함을 확인했다. 그래서 그 실험 결과를 영국의학회에 보고하고, 다시 1887년에는 워싱턴의 국제의학회에 제출했다. 물론 당시에

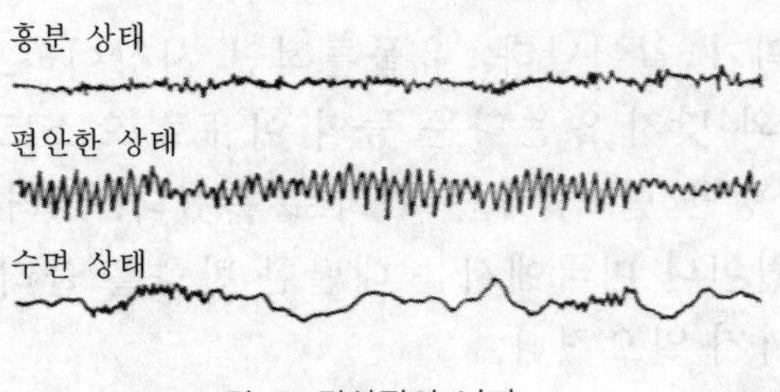

그림 7·정상적인 뇌파

는 별반응이 없었으나, 15년 후 폴란드의 생리학자 베크가 개를 가지고 실험한 결과 역시 그와 똑같은 현상이 나타났다고 보고함으로써 비로소 케이튼의 연구가 떠오르게 되었다.

그러나 사람의 뇌로부터 그와 같은 활동전위의 변동을 기록하는 데 성공한 사람은 훨씬 뒤에 나타난 독일의 정신과 의사 베르거로 그의 수년에 걸친 힘든 연구의 결과였다.

베르거는 뇌로부터 나오는 생물 전기가 흥분한다든가 잠잘 때 등의 변화라든가 간질 환자에게서는 매우 특징적인 전기를 발생하고 있다는 것을 관찰하여, 1929년 '인간의 뇌전도에 관해서'라는 논문을 발표했다. 오늘날 이것은 뇌가 발생시키는 생물전기, 뇌전도(EEG), 또는 뇌파(Brain Wave)라고 말한다. 그를 찬양하는 뜻에서 베르거이즘이라고 부르기도 한다.

이 발표를 계기로 그 후 영국, 미국 등에서 연구가 거듭되어 뇌과학의 기초가 굳어지게 되었다. 뇌파의 전압은 1만분의 1볼트 이하이므로 케이튼이나 베르거 등은 그것을 기록하는 데 매우 큰 어려움을 겪었다. 오늘날에는 정교한 뇌파계가 만들어져 매우 간편하게 기록할 수 있게 되었다.

그러나 우리의 정신은 신피질 이외의 장소, 즉 구피질과도 관계가 있으므로 신피질의 뇌파만으로 모든 정신 현상을 설명할 수 없다는 점이 문제가 되고 있다. 그래서 구피질의 뇌파까지 동시에 이끌어내어 기록하는 '심층 뇌파'의 출현이 필요하게 되었는데, 이러한 요구는 뇌정위고정장치(雷正位固定裝置)의 제작으로 해결될 것으로 보고 있다.

또 뇌파는 뇌 활동의 이상이나 의식 상태를 조사하는 수단으로서도 큰 역할을 한다. 즉 뇌염이나 수면제 중독시에는 α파의 주파수나 진폭이 감소한다. 또한 뇌종양이나 뇌외부 상처의 경우는 나타난 부위에 대응하는 뇌파의 변동이 나타난다. 예를 들어 간질 같은 경우가 그렇다.

뇌파는 매우 정직하다. 비록 눈을 감았다 해도 그 사람의 마음 속에서 어떤 사물을 보는 마음의 상태로 변했을 때 그의 파장은 빠르고 작게 나타나게 되고, 암산을 한다든가 해도 순간적으로 큰 파동은 없어진다.

뇌파가 요즘 크게 주목을 받게 된 까닭은 장기 이식이라는 문제가 제기되면서부터이다. 즉 사람의 죽음 판정 문제 때문이다. 사람이 장기의 수술을 하려면 한시라도 빨리 죽은 자의 장기를 이식받는 것이 유리하다. 그러므로 죽은 사람에 대한 죽음의 판정이 빨리 내려지기를 이식받을 사람 측에서는 바라고 있는 것이다.

그런데 사망 판정에 이 뇌파 검사가 판정 기준이 되고 있다. 그러니까 뇌파 검사 결과 사망이 확실하다고 판정되어야 사망자의 유족들이 사망자의 장기를 떼어내도 좋다는 동의를 하게 되므로, 사람들은 뇌파 검사에 큰 관심을 갖게 된 것이다. 뇌사 문제에 대해서는 다음 장에서 설명한다.

2. 지상 최대의 보물, 뇌

미로 같은 뇌의 구조

사람의 뇌를 "도시락 속에 넣어진 두부와 같다"고 말한 사람이 있는데, 그토록 뇌가 연약해 보였다는 뜻일 것이다. 그러나 사실은 그렇게 쉽게 허물어질 정도로 가냘픈 것이 아니다.

우선 여러분의 머리를 만져보시라. 마치 한 송이의 포도송이 같은 크기에 무게는 보통 크기의 양배추 정도인 우리의 뇌는 피부에 싸여 있다. 그 위에 두개골이 덮여 있고, 그 위는 마치 산 위의 숲처럼 머리카락이 무성하다. 외견상으로는 다른 동물들보다 나은 것이 없어 보인다.

두개골 밑에는 밖으로부터 3개의 막으로 싸여져 있다. 단단한 경질막이 제일 바깥이고, 다음에 거미줄처럼 생긴 거미막, 그리고 맨 안쪽에 연한 연질막이 덮고 있다. 그러니까 삼중의 뇌막으로 지켜지고 있는 셈이다. 더욱이 경질막과 거미막 사이, 거미막과 연질막 사이에는 '뇌척수액'이라는 액체로 채워져 있다.

이들 액체는 뇌에 각종 영양을 보급하는 활동도 하지만 외부로부터의 충격을 완화시키는 역할도 한다. 특히 뇌척수액에는 윤활유와 같은 기능이 있어 뇌가 두개골 안에서 자유롭게 움직일 수 있도록 되어 있는 것이다. 어찌 생각하면 뇌가 뼈에 붙어 있지 않고 떨어져 있어 약간 불안스러운 마음이 들지 모르겠으나 사실은 그와 반대이다. 왜 그러냐 하면 만일 외부로부터 두개골에 어떤 충격이 가해졌다면, 우리의 뇌는 그 충격의 여파로 손상을 입을 위험이 많기 때문이다.

또 뇌 속에는 뇌실이나 뇌측실과 같은 동굴이 있는데 그 속에도 역시 뇌수막액(腦髓膜液)이 들어 있다. 그까짓 동굴 같은 것쯤이야 할지 모르나 이것 또한 중대한 역할을 하고 있다. 외부로부터의 충격이 있을 때도 그 속의 뇌가 자유롭게 변형을 하면서 에너지를 흡수할 수 있는 것이다.

이제 뇌의 생김새를 개략적으로 살펴보자. 그런데 우리의 뇌는 마치 옛날의 소가족을 위해 세운 가옥과 같다. 그러나 세월이 흐르면서 가족의 증가와 함께 증축에 증축을 거듭한 가옥처럼 더 커지게 되었다. 그러나 기본적인 구조는 변한 것이 아니다. 이렇게 말하면 여러분 중에는 어리둥절할지 모르겠으나 뇌의 구조를 보다 더 쉽게 말하기 위해서 예를 든 것이다.

그러니까 우리의 뇌는 오랜 세월을 지나면서 가옥으로 말하면 옛 부분의 원시적인 뇌의 하층 구조는 큰 변동이 없

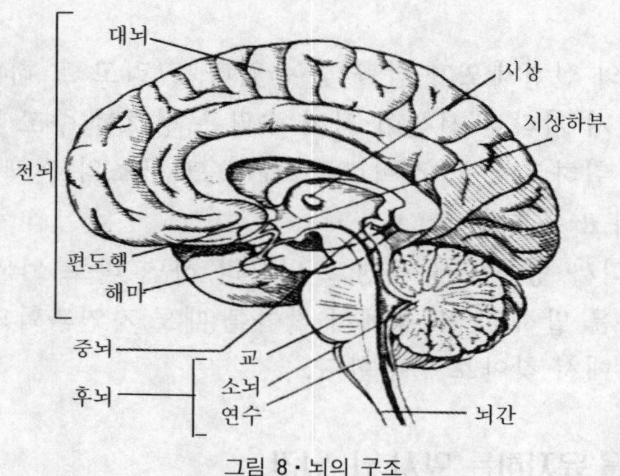

그림 8 · 뇌의 구조

으나 뇌의 상층 부분에는 매우 큰 변동이 일어났다. 우리의 뇌도 세월을 거치면서 진화가 이루어졌다는 말이다. 그것을 여러분은 이미 뇌의 발달편에서 읽었으므로 이해가 될 것으로 믿으며, 그 구체적인 진화는 뇌 구조에서 만나게 될 것이다.

사람의 두개골 속에는 약 1,300~1,400g 정도의 옅은 회색으로 된 물렁물렁한 살 덩어리인 뇌수(뇌)가 있다. 뇌수는 바늘로 찔러도 아픔을 느끼지 않는다. 위치상으로 보아 보통 전뇌, 중뇌, 후뇌의 세 부분으로 나눈다.

전뇌는 뇌의 대부분을 덮고 있는 뇌 전체의 80%나 되는 대뇌를 말하는데, 대뇌는 한 개가 아니라 좌뇌와 우뇌의 두 쪽으로 나누어져 있다. 대뇌를 다시 편의상 전두엽(前頭葉), 후두엽(後頭葉), 측두엽(側頭葉), 두정엽(頭頂葉) 등으로 나누어 구분을 지었다.

이제 뇌의 중요한 부분을 중심으로 알아보자. 뇌 속에는 수백억의 신경세포가 담뿍 쌓여 있다. 그리고 그 하나하나가 이어져 기다란 전선이 되어 수많은 정보를 주고 받으며 연락을 취하고 있는 것이다. 그래서 그 구조의 전체를 '신경계'라고 부른다.

그러니까 병원에서 신경과 의사라 하면 바로 뇌와 관계된 의사를 말하고, 또 책에서 찾아볼 때도 자연과학의 신경계 분야에서 찾아보아야 한다.

생명을 유지하는 원시 뇌, 뇌간

뇌를 살펴볼 때 제일 먼저 낯선 이름인 '뇌간'(Brain Stem)부터 알아두어야 한다. 말 그대로 뇌의 뿌리와 같은 것으로 포유류 이전 시대, 즉 5억년 이상 걸려서 진화된 뇌의 가장 오래된 부분이다. 뇌줄기라고도 한다.

이것은 기본적으로는 원시적인 척추동물의 척수 맨앞의 약간 불룩한 부분으로 뒤통수 바로 아래 오목한 곳의 안쪽에 위치한다. 눈, 코, 입으로부터 고급 정보가 다량으로 들어오기 때문에 거기에 상응하여 척수의 앞쪽이 비대해지기 시작했는데, 척수의 비대해진 부분이 바로 뇌간이다. 따라서 뇌간과 척수는 붙어 있으며 질적으로도 동일한 뇌이다.

그러므로 뇌간은 척수의 바로 윗 부분이다. 많은 과학자들은 뇌간을 파충류뇌에 해당되는 것으로 보고 있다. 왜냐하면 그것은 파충류뇌 전체와 매우 흡사하기 때문이다.

뇌간을 척수 가까운 부분으로부터 나누면 연수, 교, 중뇌, 시상, 시상하부의 다섯 부분으로 구분된다. 그러므로 뇌간은 이 다섯 부분인 뇌의 총칭이다. 뇌간은 시상하부를 제외하고는 모두 등질의 뇌이므로 형태상 나눈 것뿐이고 뚜렷한 경계는 없다.

우리의 몸은 추울 때 털구멍이 작아져서 체온을 보존하고, 더우면 털구멍이 커져서 땀과 함께 열을 몸 밖으로 방출한다. 식사를 하려면 자연스럽게 타액이 나와서 음식물을 소화하기 좋게 만들고, 또 호흡이나 심장의 박동을 조절한다.

이 같은 동작들은 우리가 의식하여 행하는 것이 아니라 무의식중에 일어나는 현상이다. 이러한 행동을 관장하는 일을 바로 생명의 뇌인 뇌간이 하고 있다.

뇌는 모태에서 수정된 후 엄마의 뱃속에서부터 출산되기까지 대체로 완성된다. 주먹보다 약간 작은 크기의 뇌간은 거의 머리 한가운데에 위치하고 있다. 뇌가 약간이라도 상하면 우리의 생명은 끊어진다.

때때로 머리에 바늘이나 예리한 쇠꼬챙이에 찔려서 급사했다는 말들이 들리는데, 그것은 바로 이 뇌간을 찌른 것이다. 그토록 뇌간의 파괴는 치명적이다. 결국 '생명의 뇌'라는 말이 들어맞는다.

그와 반대로 뇌의 다른 곳은 약간 상처를 입어도 죽음에 이르지는 않는다.

머리부터 발끝까지의 대동맥, 척수

척수(Spinal Cord)는 뇌간부로부터 연속적으로 이어진 길이 44cm 정도, 무게 25g 정도의 가느다란 백색의 선으로 척주관(脊柱管) 속에 들어 있다. 척수는 위에서부터 경수(頸髓), 흉수(胸髓), 요수(腰髓), 선수(仙髓)로 구분되는데 손과 발에 신경을 많이 보내고 있다.

척수는 외부와 내부의 여러 자극을 직접 받아들이고 반응하는 반사기관의 역할과 각종 정보를 상위 중추에 전달하는 일을 하고 또 그 지시를 받는다. 그래서 척수를 머리부터 발끝까지의 대동맥이라고 한다.

고등동물(포유류동물)은 신경세포가 신체의 중앙으로 모여 있고, 온몸의 신경섬유는 그곳에서부터 출입하게 된다.

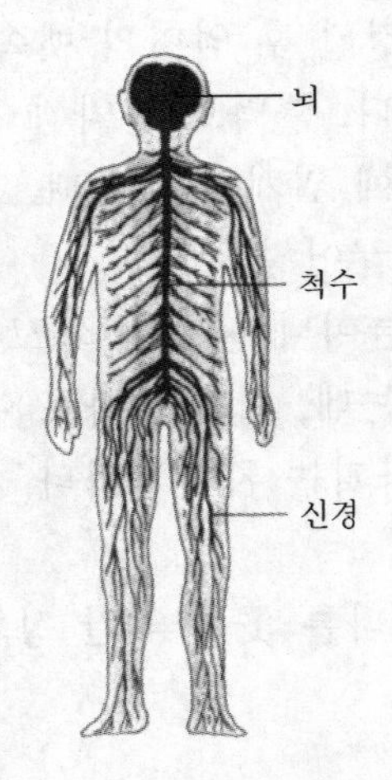

그림 9 · 척수

이렇게 집중되어 있는 곳을 중추신경이라 하고, 이곳에서부터 출입하고 있는 신경섬유를 말초신경이라 한다.

척수동물의 중추신경은 구멍이 뚫린 관처럼 생겨 머리 부분이 부풀어 있고 모든 것이 뼈 속으로 들어간다. 머리 부분의 부픈 부분이 뇌수이고, 여기에 이어지는 막대기 모양의 부분이 척수인데 그것이 척추(등뼈) 속으로 들어가 있다. 뇌수와 척수는 본래부터 하나로 연결되어 있는데 기능적으로 이 둘을 합쳐 정식으로 중추신경계라고 한다.

체내의 중심뇌, 시상하부

시상(視床)이란 글자 그대로 눈으로부터 시신경이 통하는 마루라는 뜻인데, 인간의 감각 정보의 대부분은 이 시상을 통해 전해진다. 그런 점에서 대뇌, 소뇌, 뇌간의 교차점에 위치한 시상은 '정보의 중계 센터'라고 할 수 있는 중요한 부분이다.

시상의 모양은 꽤 기묘하게 이루어져 있다. 뇌간부에 속해 있는 다른 부분은 모두 좌우가 붙어 있는데 유독 이 시상만은 좌우로 갈라져 있다.

시상 바로 밑에 붙어 있는 시상하부(Hypothalamus)는 시상처럼 좌우로 나누어져 있으나 그 밑부분은 하나로 융합되어 있는 기묘한 모습이다. 중뇌 위에 위치한 이 재미있는 형태의 시상하부는 그 앞쪽 하부에 뇌하수체라는 자그마한 호르몬계의 뇌를 가지고 있다.

시상하부는 인간 뇌의 중심부에 위치하고 있으며, 말 그대로 '중심뇌'(Thalamus)라고 할 만한 활동을 하는 중요한 부분이다. 시상하부는 그 일부에서 체온을 조절하며, 주로 성욕이나 식욕 등 인간의 본능적인 욕구를 만들어내는 뇌이다. 시상하부에는 전군(前群), 중군(中群), 후군(後群)의 3군으로 되어 있다.

전군은 종족 유지를 위한 성욕을 만들고 성을 컨트롤하는 성중추이다. 중군은 개체 유지를 위한 식욕을 일으키는 식중추인데 여기에는 섭식, 만복중추 등이 있다. 후군은 항온동물(포유류동물)과 조류들이 보유하고 있는 체온조절 중추이다.

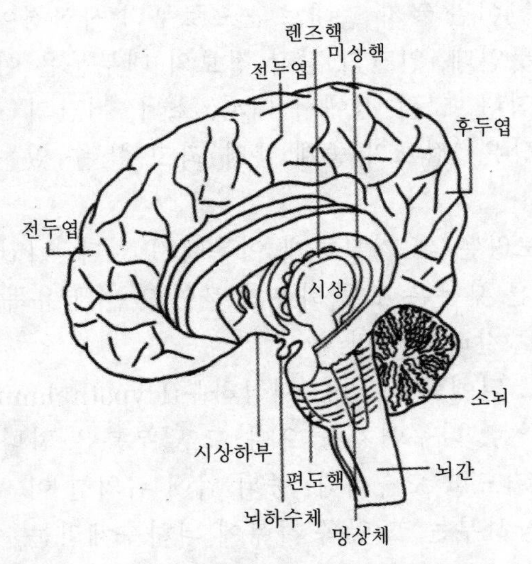

그림 10 · 시상하부와 뇌하수체

또한 시상하부는 체내의 항상성을 자동적으로 조절하는 자율신경의 중추이기도 하다. 항상성이란 외부의 자극에 반응하고 외부의 환경이 변하더라도 체내의 상태를 일정하게 유지하는 작용을 말한다.

호르몬을 분비하는 작은 거인, 뇌하수체

뇌하수체(Pituitary Gland)는 시상하부 앞쪽의 아래 부분에 달려 있는데, 크기는 메주콩 크기이다. 이곳에서 수많은 호르몬을 배출하여 온몸의 내분비선을 지배하고 통합하는 최고 사령부로서의 중요한 기능을 담당하고 있는 장기이다. 즉 체내의 항상성을 자동 조절하고 있는 곳이다.

호르몬이란 뇌와 인체 내의 정보를 전달하는 전령이라 생각하면 된다. 뇌하수체가 분비하는 호르몬은 10 종류 정도가 되는데, 성장의 주역인 성장 호르몬, 성을 컨트롤하는 성선(性腺) 호르몬 등이 잘 알려져 있는 것들이다.

평형 기능을 관장하는 소뇌

소뇌(Cerebellum)는 뇌간에 맞먹을 만큼 꽤 큰 뇌로 신체운동의 경미한 조정을 통괄하는 뇌이다. 소뇌의 발생은 매우 오래되었다.

소뇌는 척수로부터 발달된 뇌간과는 질적으로 다른 부분이다. 그 구조와 기능은 다음에 설명하는 대뇌와 비슷한 데가 있다. 그래서 대뇌의 축소판이라는 말을 듣는다. 소뇌의 연구도 많이 진전되어 있는데, 대뇌의 구조나 기능이 소뇌에서부터 추리되는 것도 많다고 한다.

소뇌의 가장 중요한 기능은 신체 각 부분의 운동을 협조케 함으로써 평형을 유지하게 한다. 즉 평형 감각의 중추이다. 여기가 깨지면 신체의 밸런스를 취할 수 없다. 신체가 밸런스를 유지할 수 없다는 말은 한쪽 발로 서 있을 수 없다는 말이다. 가령 빙빙 돌다가 멈추면 눈이 돌아서 멈추어 설 수 없게 되는 이치와 같다.

소뇌는 '시계'라고 말하는 사람도 있는데, 그 까닭은 그만큼 정확하다는 뜻이다. 또한 운동을 부드럽게 행할 수 있게 하는 뇌이다. 그러나 운동의 조절은 소뇌에서만 행해지고 있는 것이 아니라 보다 상급 뇌인 대뇌도 깊이 관여하고 있다.

이것으로 보아 대뇌의 발달로 온몸에 대한 지배적인 활동의 통괄이 상급에 있는 대뇌로 옮겨져 가고 있다고 해야 할 것이다.

고차원적인 기능을 관장하는 대뇌구피질

대뇌를 보통 두 부분으로 나누어 말하는데, 그 하나를 대뇌구피질이라 하고 다른 하나를 대뇌신피질이라 한다. 사람의 뇌세포 대부분은 만두처럼 생긴 두개골 표면에 있다. 그래서 이 두개골을 덮고 있는 표면을 가리켜 피질(皮質)이라 한다.

대뇌의 피질은 전혀 활동이 다른 두 부분으로 나누어져 있는데, 만두의 속 부분을 구피질이라 하고, 구피질을 둘러싸고 있는 바깥 부분을 신피질이라 한다. 물론 보통 대뇌라고 할 때는 이 두 가지가 다 포함되지만, 이 둘의 성질이 너무 다르기 때문에 그것을 밝히기 위해서는 반드시 구피질, 신피질로 구별하여 부른다.

여기서 구피질, 즉 옛 피질이니 신피질이니 하는 것은 학문적으로 붙인 이름이지 새 것이 차츰 오래되어 옛것이 되었다는 뜻은 아니다. 태어나면서부터 이렇게 이중의 구조로 되어 있는 것이다.

본능적인 뇌, 대뇌번연계

구피질은 다시 대뇌변연계와 대뇌기저핵(Basal Ganglia)의 두 부분으로 나누어져 있다. 인간의 뇌는 진화 과정에서 대뇌신피질이 급증했다. 그래서 옛날부터 있었던 대뇌는 안쪽과 주변으로 밀려나 버렸다. 안쪽에 눌려진 부분을 대뇌기저핵이라 하고, 변두리로 밀려난 것을 대뇌변연계라 한다.

이 둘은 대뇌이면서도 대뇌신피질과는 전혀 활동이 다르다. 인간의 본능적인 운동, 행동을 통괄하는 부분이 바로 이 구피질이기 때문에 이들을 통틀어 '동물의 뇌'라고 부르고 있다.

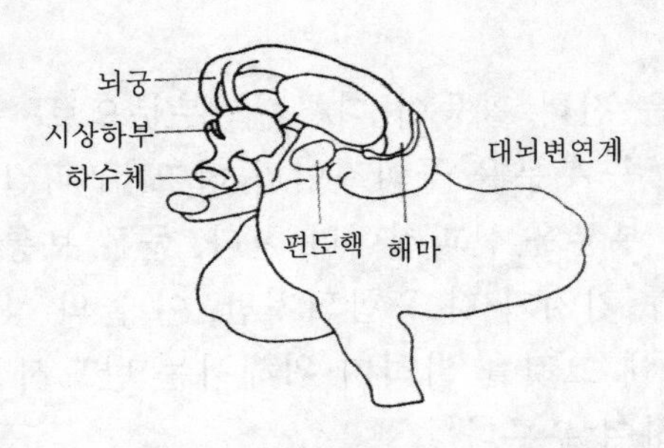

그림 11 · 대뇌변연계

대뇌변연계 속에는 기억의 저장고라 불리는 해마(海馬)가 있는데, 그 바깥 둘레에 있는 측두엽과 함께 기억, 학습을 담당하고 있다. 또한 공격적인 뇌라고 알려져 있는 '편도핵'도 있다. 대뇌변연계에 이상이 생기면 정신분열증이 일어난다고 알려져 있다.

세포의 집합체, 핵

뇌에는 '핵'(Nucleus)이라는 것이 있다. 핵이란 말은 특수하게 쓰여지고 있는 말인데, 세포의 덩어리를 말하는 용어로 사용된다. 그러니까 세포 속의 핵을 말하는 것이 아니라 세포의 집단을 말한다. 대뇌기저핵도 역시 그런 의미에서 대뇌의 한 세포집단인 셈이다. 이러한 핵은 100여 개나 되며, 기저핵, 운동핵, 적핵(赤核) 등 많이 있다.

신경세포는 이리 저리 흩어져 있는 것이 아니라 정해진 종류의 세포가 끼리끼리 집단을 이루어 존재하고 있다.

100여종이나 되는 핵은 모두 각각 다른 활동을 하고 있다.

망상체

뇌간을 밑에서부터 위쪽으로 관통하고 있는 망상체 Recticular Formation)는 신경회로가 그물처럼 엉켜 있기 때문에 붙여진 이름이다. 그래서 이것을 그물 구성체라는 이름의 한자로 망사체라고 한 것이다.

의식을 주도하는 대뇌피질이 활발하게 작동하도록 돕는 역할을 하는 망상체는 여러 가지 생리작용을 한다. 가령 우리가 잠을 자고 있을 때도 깨어 있어 감각신경이 외부로부터의 위험이 있을 때는 즉시 뇌 전체에 일깨워주는 일을 한다.

곤히 잠든 엄마가 칭얼대는 아기의 소리를 예민하게 알아듣는 것도 바로 이 망사체이다. 그러므로 경비원과 같다고 할 수 있다.

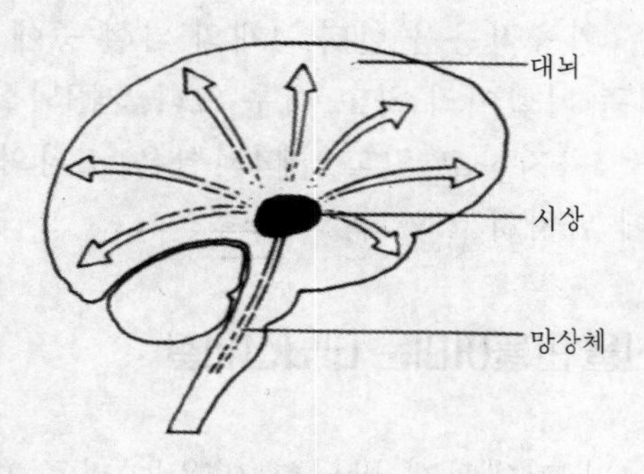

그림 12 · 망상체

뇌 속에 흐르는 개울, 뇌실과 맥락총

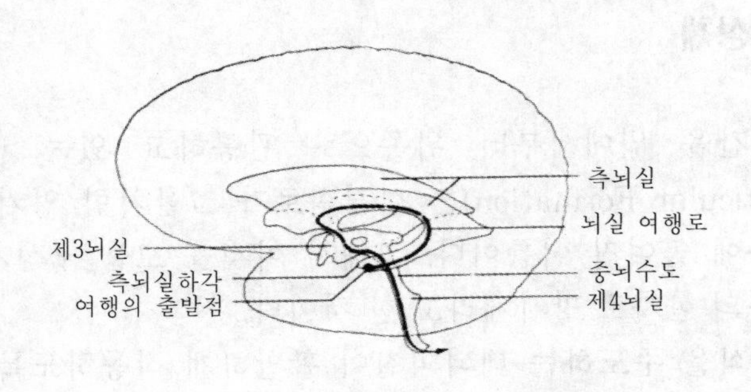

그림 13 · 뇌실

뇌 속에 있는 방이라는 뜻으로 뇌실이라고 했는데, 레오나르도 다 빈치가 그린 '두뇌해부도'라는 그림에도 나타나 있다. 뇌실은 4개가 있다. 여기에는 '맥락총'(脈絡叢)이라는 포도송이 모양처럼 달려 있는 것이 있는데, 이곳에서 뇌척수액이 만들어져서 그 방을 가득 채운다.

뇌척수액을 '림파'라고 하며, 뇌파와 척수에 충격이 가해졌을 경우 완충작용을 한다. 4개의 뇌실 중에서 재1과 제2뇌실은 외측 뇌실이라 하고 매우 크다. 제3뇌실은 매우 협소한 공간을 차지하고 있고, 제4뇌실은 소뇌의 바로 앞에 있는 뇌간에 위치하고 있다.

인간 정신을 만들어내는 대뇌신피질

인간의 뇌가 거대하게 발달한 이유는 바로 대뇌 표면의

거의 모든 부분을 차지하고 있는 대뇌신피질 때문이다. 그래서 인간의 정신을 조성하는 '인간의 뇌'라고 불려지는 것이다.

이 신피질은 좌우 2개로 나누어져 있다. 그래서 사람을 쌍두(雙頭)의 인간이라고도 한다. 쌍두 사이는 뇌량이라고 하는 약 2억 개의 연락용 신경세포로 연결되어 있어 좌우의 대뇌는 결코 제멋대로 활동하지 못하고 있다. 그러나 뇌량을 절단하면 그 사람은 이중인격자라는 말을 들을 수밖에 없는 사람이 된다(좌우 뇌의 연락이 끊어지므로).

대뇌신피질이란 말은 당연히 구피질이라는 말을 전제로 한다. 구피질도 대뇌이고 신피질도 대뇌이기 때문에 보통 대뇌라고 할 때는 이 두 피질이 물론 포함되지만 이미 언급한 대로 그 기능이 너무 다르기 때문에 구피질, 신피질로 구분한다. 신피질은 구피질을 덮어싸고 있는 부분을 말한다. 이 신피질은 매우 복잡하게 짜여진 구조로 그 두께는 겨우 3밀리미터이다.

앞으로 이 책에서 대뇌신피질의 활동에 대해 많이 언급되지만, 실제로는 아직도 많은 부분에서 알려지지 않은 것도 사실이다.

가령 어떤 종류의 활동중추와 기억창고가 어떻게 접촉되어 활동하는가라든가 또는 어떤 특별한 기억만을 끄집어낼 수 있는지 등 모르는 것들이 너무 많다. 그런 점에서 대뇌신피질의 고등 기능을 밝히는 연구는 앞으로 신경과학의 최대 과제이기도 하다.

하여간 대뇌신피질은 뇌의 최고 결정 기관이다. 신체 내부와 신체 밖에서 들어오는 모든 정보에 대해 판단을 내리는 곳이다. 정보를 받아들이면 대뇌신피질은 우선 그것을 분석하여 새로운 정보와 지금까지의 경험, 지식 등 축적된 정보와 비교하여 판정을 하고, 그것으로 자신의 메시지라든가 지시를 해당되는 근육이나 분비선에 보내는 것이다.

뇌 량

대뇌는 이미 언급한 대로 한 개가 아니라 둘이다. 뇌의 모양을 공처럼 둥글다고 보기 때문에 구(球)라는 한자를 쓰게 되었고, 둘로 나누어진 대뇌를 좌반구, 우반구라고 불렀다.

이 두 개의 반구는 각기 신체 반대편의 책임자 구실을 한다. 즉 좌반구의 뇌는 신체 반대쪽인 오른쪽 반의 활동을 관장하고, 우반구의 뇌는 그 반때쪽인 왼쪽 반의 활동을 관장한다.

반구를 연결하고 있는 신경섬유의 다발을 뇌량(Corpus

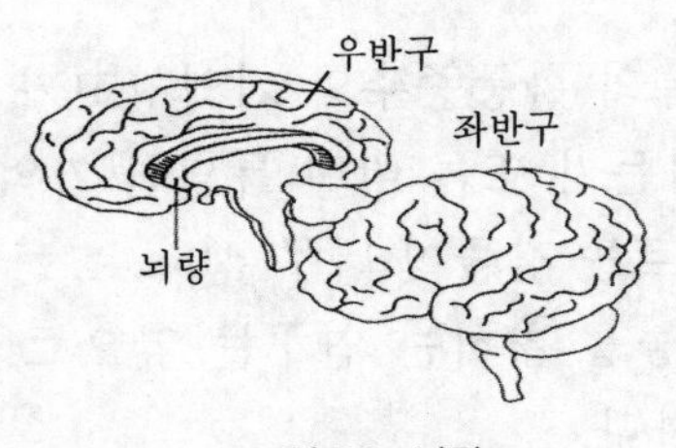

그림 14 · 뇌량

Callosum)이라고 하는데, 이 다발은 약 2억 정도의 섬유로 된 대뇌 최대의 통로이다.

대뇌신피질의 여러 가지 활동

이제부터 대뇌신피질에 대해 대강 살펴보자. 우리의 머리를 전부 덮고 있는 대뇌신피질은 그 부위가 매우 넓다. 또한 신피질이 하고 있는 역할도 매우 다채롭다. 그래서 이것을 편의상 네 부분으로 나누었다. 그 부분들이 마치 나무 잎사귀로 덮어씌워진 것 같다고 해서 엽(葉)자를 붙여 전두엽, 후두엽, 측두엽, 두정엽이라고 부르게 되었다.

(1) 시각에 관계되는 후두엽

대뇌 반구의 뒷부분에 있는 너비 17%의 이곳은 시각(視覺)과 관련이 있는 부분으로 시각피질이라고도 한다. 시각정보는 눈으로부터 이 피질에 전달되고, 그 정보의 방향, 위치, 움직임 등을 분석한다. 후두엽이 손상을 받으면 다른 시각 기관, 즉 눈이 정상으로 활동하고 있더라도 소경이 되고 만다.

(2) 측두엽

측두엽은 눈과 귀 사이의 관자놀이 가까운 위치에 있는데

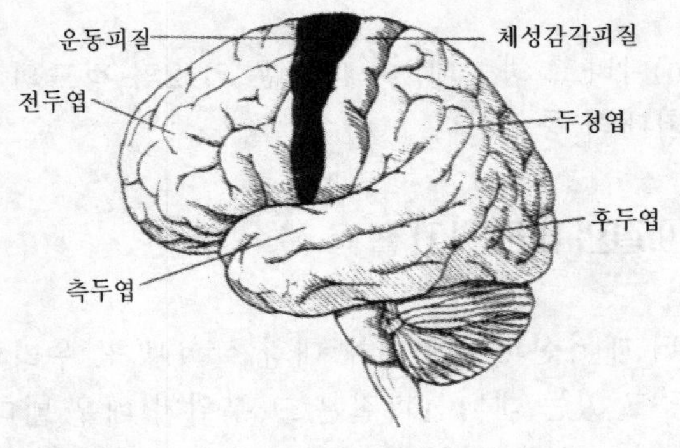

그림 15 · 대뇌신피질

몇 가지 중요한 활동을 한다. 양 반구가 다 함께 청각에 관계하고 있어 청각피질이라고 불려지기도 한다(너비 21%). 그 밖에 지각이나 기억에도 관계가 있는 것 같다.

측두엽의 활동에 관한 지식은 주로 여러 가지 원인으로 측두엽에 손상을 받은 환자들로부터 얻게 된다. 측두엽에 손상을 받으면 극적인 환상이 일어날 수 있고, 또 손상을 받은 후에 일어난 일을 기억해내지 못하는 수가 있다. 이곳에 손상을 입으면 실어증이 생기는 경우도 있다. 그 이유는 이곳에 언어중추(대개 좌측)가 있기 때문이다.

(3) 두정엽

대뇌 반구의 중간 윗부분에 위치한 두정엽은 머리의 정상이라는 뜻으로 이렇게 부르고 있는데(너비 21%), 이곳은 사물을 계통 있게 집합시키는 장소이다. 글자가 모아져 단어가 되고 단어가 모아져 문장이 되는 것은 아마도 여기서

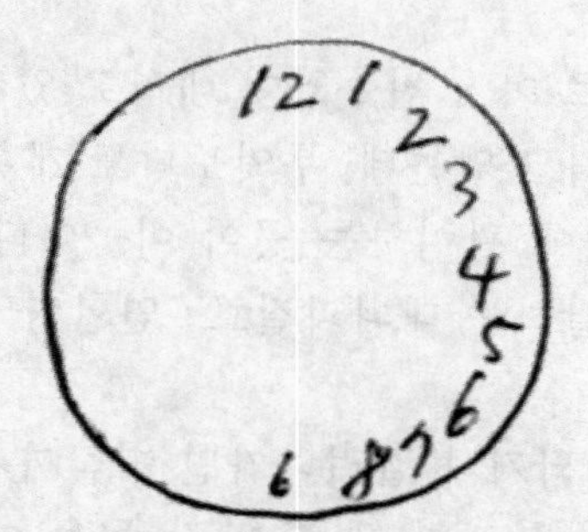

우반부에만 숫자가 그려져 있다.

그림 16 · 형태합성불능 환자가 그린 시계

이루어지는 것으로 보인다.

이 두정엽의 어느 부분이 손상을 입으면 실인증(失認症)이 생기는 수가 있다. 마운드 캐슬이라는 의사는 두정엽의 손상으로 자기 자신의 반신을 지각하지 못하는 사람이 있었다는 보고를 했다. '형태합성불능'이라고 불리는 현상인데, 이것은 오른쪽 두정엽에 손상을 받았기 때문에 좌반신을 무시함으로써 일어나는 현상이다.

이 환자가 그린 시계의 그림을 보면 문자판의 숫자가 전부 우반부에만 뭉쳐져 있다.

(4) 계획과 행동의 전두엽

전두엽은 이마 바로 뒤에 위치해 있고, 4개의 뇌엽 중에서 가장 크다(너비 41%). 뇌의 다른 부분의 활동을 감시하고, 특히 대뇌변연계와 깊은 관계를 갖고 있다. 어떤 일이 위험한지, 주의가 필요한 일인지 아닌지에 대해 최초의 판단을 내리는 일을 바로 이곳 전두엽이 내리고 있다는 증거가 여러 가지로 알려지고 있는데, 무엇보다도 계획과 결단, 목적을 가진 행동 등에 관여하는 곳이 이곳이다. 또한 이곳에 정신 활동을 통괄하는 대뇌피질로 '연합영역'이라고 하는 곳이 있다.

전두엽이 파괴되거나 잘려나가면 지금까지 계획을 세워 수행하던 일이나 복잡한 행동, 생각 등을 이해할 수 없고, 또한 상황 변화에 대한 대처도 어렵게 된다.

따라서 이러한 사람은 집중력이 부족해져 외부로부터의 자극에 의해 매우 산만해진다. 언어 인식 등 가장 고도의 뇌 기능은 손상을 받지 않지만, 새로운 상황에 대응한다든가 계획을 세우는 일을 할 수 없기 때문에 그런 일 이외의 능력까지도 잘못하게 된다.

뇌의 계층 구조와 제거 실험

우리의 뇌 구조를 보면 마치 탑을 쌓아올린 것처럼 보인다. 즉 척수→연수→교→중뇌→간뇌→대뇌로 되어 있으므로 6층탑을 쌓아올린 것으로 비유할 수 있다(계층 구조라고도 한다). 그런데 이것을 실제로 실험하여 계층의 구조를 실증한 일이 있었다. 물론 그것은 동물을 통한 실험이었다.

이러한 실험은 두말할 것 없이 매우 흥미 있는 일이다. 그런데 보통 우리는 대뇌피질을 드러내 버린다면 어떤 동물도 살아 남지 못할 것이라고 생각하기 쉽다. 그러나 실험 결과는 그렇지 않았다. 개나 고양이, 토끼의 대뇌피질을 깨끗이 제거해 버려도 겉으로 보기에는 조금도 달라 보이지 않는다.

19세기 말경에 골츠라는 독일의 생리학자는 대뇌피질을 모두 제거해 버린 개를 데리고 유럽 각지로 강연 여행을 다녔다. 그런데 개의 동작이 약간 느리다든가 둔해 보일 때는 즉시 돌보아주지 않으면 죽게 된다. 그러나 극진하게 돌보아주면 오래 살아갈 수 있다. 이 개도 겉보기에는 보통의 개와 같았다.

그래서 대뇌피질이란 별로 필요한 것이 아닌가 하는 의문이 생길 정도였다. 뇌는 상부 구조, 즉 6층탑 맨위의 것을 없애고 5층 밑의 것만으로도 대충 살아갈 수 있는 것이다. 이런 식으로 깨뜨려 나가면 어디까지 갈 수 있을까 하고 더욱 여러 가지 실험이 시도되었다.

다음으로 실험한 것은 시상하부를 제거하는 일이었다. 사실 앞의 실험을 통해 알게 된 것은 대뇌를 모두 깨뜨려도 간뇌가 남아 있으면 동물은 감정을 가질 수 있다는 것이다. 대뇌를 모두 제거해 버린 고양이를 막대기로 쿡 찌르면 '아옹' 하고 덤벼들 동작을 했다.

그러나 대뇌가 제거되면 시각 활동이 불가능하다. 즉 사물을 보지 못하므로 사람에게 덤벼들지 못했다. 무서운 기세를 부린 것만으로 끝났다. 이런 것을 가성(假性)의 분노라고 한다.

5층탑격인 간뇌(시상과 시상하부) 전부를 파괴해 버리면 어떤 일이 일어날까? 그 결과는 동물이 감정을 나타내지 못했다. 이 감정에 대해 동물에서는 정동(情動)이라는 말을 쓰는데, 시상하부에는 정동의 중추가 있기 때문이다.

또 중뇌를 제거하면 어떻게 되는가? 중뇌의 중간쯤 정도에서 뇌간을 절단하고 그 윗부분을 모두 제거해 버리는 수술을 19세기 말부터 영국에서 자주 시도되었다. 그랬더니 동물은 며칠밖에 살 수 없었으나, 아무튼 얼마 동안은 보통으로 호흡을 했다. 심장도 정확하게 움직이고 있었다. 단지 달라진 현상으로는 수족이 매우 팽팽해져서 마치 장난감 같았다. 그러니까 이런 동물은 책상 위에 세워놓을 수 있다. 즉 중뇌 밑으로만 있어도 동물은 서 있는 자세로 보존될 수 있다는 것을 알게 된 것이다.

그러나 이 동물을 밀쳐 버리면 나자빠져서 일어설 수가 없다. 결국 일어난다는 기능은 중뇌 이상에만 있다. 단지 서 있기만 하려면 중뇌 중간 부분부터 밑에만 있어도 된다. 하지만 중뇌가 파괴되고 연수만 남아 있는 상태에서는 더 이상 동물은 서 있지 못한다. 오직 잠만 자고 있는 상태에 빠진다. 그래도 생명은 유지된다. 마치 식물인간과 같다.

또한 연수까지 파괴되면 어떻게 될까? 그때는 이른바 '뇌사'(腦死) 상태가 되어 호흡도 자기 힘으로는 불가능하여 그대로 두면 죽고 만다. 그러니까 연수까지 제거시키면 더 이상 살 수 없다.

물론 인공호흡기 등으로 뇌사 상태로 살려둘 수는 있다. 척수만 남아 있는 상태이다. 이것은 '척수동물'인 개구리

머리를 자른 후 척수만 남겨 놓은 실험에서 나타나는 현상이다. 즉 다리를 만지면 꿈틀거리는데, 그것은 척수의 중추가 반사 활동을 하기 때문이다.

다시 뒤에 붙어 있는 소뇌를 제거하면 그때 운동이 부정확해진다. 그 이유는 소뇌란 뇌간, 척수의 반사 기능, 대뇌의 운동 기능 등을 정확하고 정밀하게 특수 활동을 하는 곳이기 때문이다.

3. 뛰어난 건축 재료, 신경세포

억만장자의 비밀, 신경세포

도대체 동물에게는 왜 뇌가 있는가, 또 식물에는 왜 뇌가 없는가라고 묻는다면, 그 답은 동물은 움직이기 위해 뇌가 필요하다고 할 것이다. 즉 활동하기 위해서는 뇌가 필요하고, 지구의 중력에 저항하면서 움직여야 하기 때문에 수축운동을 위한 근육의 발달도 필요했다. 그리고 그것이 잘 행해지기 위해서는 신경이라는 연락망이 온몸에 퍼져야 했다. 이러한 신경전선이 수만 수억으로 모여진 것이 바로 동물의 뇌이다.

다시 말하면 뇌는 동물이 움직여 식물을 얻으며, 개체를 유지하기 위해 만들어진 '정보 체계'라 할 수 있다. 현대어로 바꾸어 말하면 뇌는 특별하게 제작된 우수한 '컴퓨터 시스템'이라고 말할 수 있다. 그러면 동물들이 움직이기 위해 필요한 뇌, 즉 컴퓨터는 어떤 모양으로 활동하기 시작했을까?

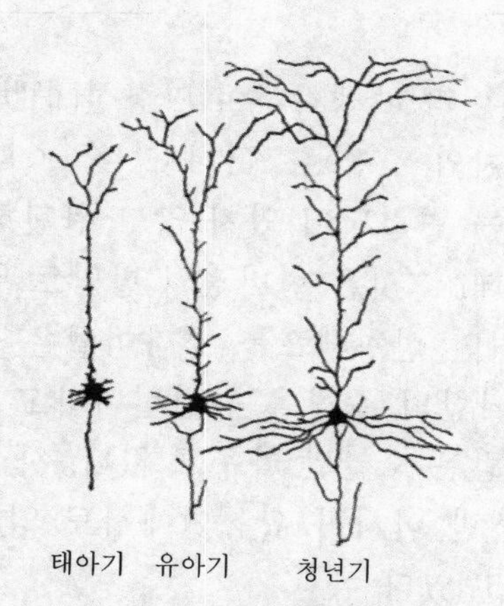

그림 · 17 대뇌신피질의 신경세포

참으로 흥미 있는 이 동물, 즉 인간의 뇌는 맨처음 신경이라는 전선을 만들었다. 즉 중앙 컴퓨터로서의 뇌가 아니라 중앙과 말단을 연결하는 신경이라는 전선이 최초에 나타난 것이다. 그 신경의 기본이 바로 신경세포이다. 신경세포를 뉴런(Neuron)이라고 한다.

우리의 신체에서 천문학적인 숫자를 찾으려고 한다면 신체 전체를 조립하고 있는 세포의 수인데, 세포의 수는 약 30조나 된다고 한다. 또한 뇌를 조직하고 있는 수도 천억을 넘는다. 우리가 보통 140억의 뇌세포가 있다고 하는 말은 대뇌에만 그렇다는 것이고 그것도 신경세포만의 이야기인데, 글리아 세포나 소뇌피질의 세포 수까지 합치면 천억이 넘는 숫자이다.

신경세포는 19세기 초에 발견되었는데, 그 당시에는 세포들이 서로 연결되어 있는 것으로 알았다. 그래서 그물처럼 엉켜 있는 것이라고 생각하여 망상설(網狀說)이 생겼다(이탈리아인 콜치의 주장). 그러나 그 후 스페인의 카할은 모든 신경세포는 연결되어 있지 않고 완전히 분리되어 있다고 주장했는데, 그것은 현미경의 발달로 입증되었다. 그리고 구성 단위인 신경세포를 왈다이엘은 뉴런이라고 이름을 붙였다. 카할의 주장을 뉴런설이라고 하는데, 이 설을 의심하는 사람은 오늘날 아무도 없다. 사실 뉴런은 형태적인 단위일 뿐만 아니라 활동면에서도 영양면에서도 단위로서 인식되고 있다.

뉴런의 형태와 크기는 갖가지이지만 그 기본형은 세포체에 세포막과 세포핵이 있는데, 세포핵에는 염색체가 있고 그 속에는 DNA라고 하는 유전물질이 들어 있다. 또 미토콘드리아(Mitochondria, 에너지를 조성하는 일을 한다)와 같은 작은 기관들이 있다.

원래 생물은 생존을 위해 외부와 세포 내에서의 정보 교환이 필요하다. 생체 내의 정보 교환에는 혈액 등의 체액을 통하는 방법과 신경을 통하는 방법이 있다. 신경세포는 뇌 이외 신체의 세포와는 결정적으로 다른 것이 있다. 그것은

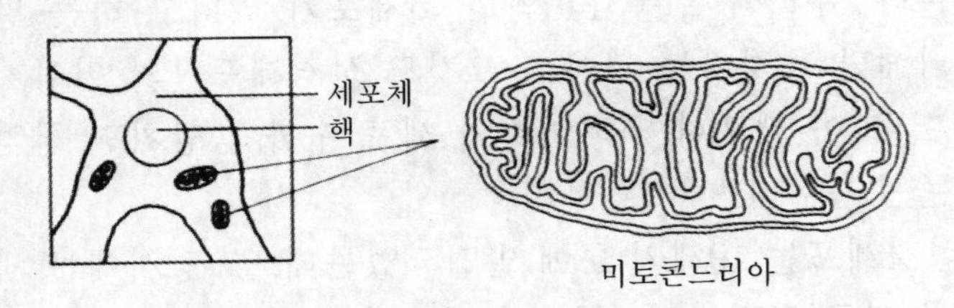

그림 18 · 미토콘드리아

일단 완성된 신경세포는 더 이상 분열하여 그 수를 증식시키지 않는다는 것이다. 그러나 간장 같은 것은 그 일부분을 떼어버려도 다시 세포 분열이 일어나 원래의 간장 크기를 만든다.

우리의 손이나 발 또는 피부에 상처를 입었을 경우를 생각해 보자. 살이 상처나서 떨어져 나갔는데도 그 상처가 아물어 옛날과 다름없이 살이 돋아나고 피부가 재생된다. 즉 세포분열이 이루어져 상처를 덮어버리는 것이다. 그러나 신경세포는 그렇게 할 수가 없다. 이미 언급한 대로 한번 죽어버리면 그만이다. 두번 다시 되돌아오지 못한다.

혈액에 의한 순환 시스템은 가장 규칙적이고 스피드가 있는 시스템인 것이 사실이다. 그러나 심장에서부터 출발하여 심장으로 되돌아오기까지는 평균 약 20초라는 시간이 필요하다. 시시각각으로 변하는 외부에서의 사건에 대응하는 행동을 선택하기에는 너무 늦다. 이에 비해 신경 시스템은 혈액 순환보다 훨씬 빠르게 정보 전달을 가능케 했다. 이렇게 하기 위해 특수한 신경 시스템을 실현시킨 것이다.

뉴런은 뇌의 정보 처리를 위해 두 가지 종류의 돌기, 즉 가지를 갖고 있는데, 하나는 수상(Dendrite)이다. 그것은 마치 나무의 가지처럼 보인다고 해서 붙여진 이름이다. 다른 하나는 축색(軸索)이라는 긴 돌기이다. 수상돌기는 들어온 정보를 받아들이는 활동을 하고, 축색은 그 신호를 전달하는 역할을 담당한다.

축색은 먼 곳까지 신호를 전달하기 위해 때로는 몇 십센

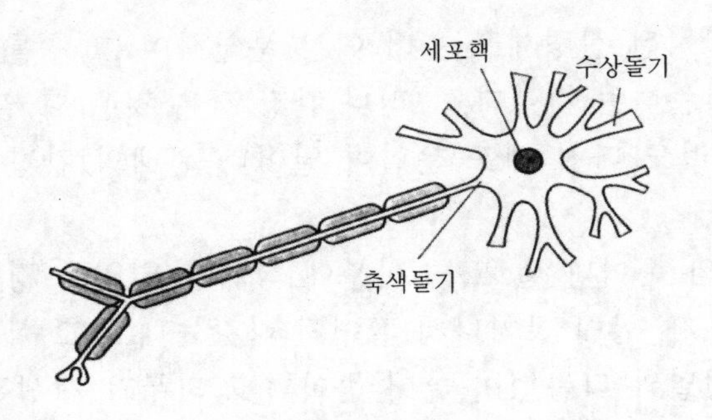

그림 19 · 뉴런

티미터나 뻗기도 한다. 그것은 우리의 손발을 움직인다든가 피부로부터 느껴진 신호를 전하는 일이나 근육에 수축신호를 보내는 신경이 바로 이 축색이기 때문이다.

또한 수상돌기에는 10여 개의 돌기가 붙어 있는데, 그 10여 개의 돌기는 다시 각각 천여 개의 가지로 나누어져 도합 만여 개의 수상돌기가 된다. 물론 축색돌기도 보내져 온 정보를 다른 세포로 보내기 위해 그 끝이 여러 갈래로 나누어지고, 그 가지의 끝이 약간 부풀은 매듭처럼 만들어진다. 그 속에는 신경전달물질이 들어 있다(다음 항목에서 취급함).

이미 설명한 대로 신호(정보)의 전달과 처리의 특수한 구조를 갖고 있는 뉴런은 정보 전달을 위해 꼭 필요한 통신망을 구축해야 하는데 그것을 신경섬유라고 한다. 우리가 흔히 뉴런이라고 부르는 이 용어는 신경세포와 신경섬유를 통틀어 부르고 있으므로 주의가 필요하다. 그런데 이 섬유를 구축하기 위해서는 먼저 해결해야 할 문제가 있다. 그것은 신경세포 자체에 필요한 영양 섭취와 보호 장치가 필요하다는 점이다. 이것을 다음 항목에서 설명하겠다.

뉴런의 보존과 보호 장치, 글리아 세포

뇌에도 영양의 섭취가 필요하고, 또 본체를 보호해 줄 장치가 필요하다. 그러나 영양 보충과 보호를 위해서는 활동할 세포가 있어야 한다. 신경세포는 그 문제를 해결하기 위해 위대한 결단을 내렸는데, 그것은 신경세포의 일부가 스스로 보조 세포로 분화하는 것이다.

이렇게 분화된 세포가 글리아 세포(Glia Cell)이다. 이 세포는 신경세포와는 달리 자체 분열을 한다. 그러면 글리아 세포가 구체적으로 하는 일은 무엇인가? 앞에서 설명한 대로 신경세포를 돕는 역할만을 한다. 한마디로 후원자요 보디가드이다. 물론 정보 전달에는 참여하지 못한다.

글리아라는 말의 뜻은 아교(阿膠)인데, 그것은 나무나 가죽 같은 물질을 접착시키는 일을 한다. 그래서 글리아 세포를 신경교(神經膠) 세포라고도 한다. 또한 뇌라고 하는 하나의 형태를 이루기 위해서는 그것들을 뭉치게 해야 하는데, 그 역할을 이 교세포(글리아 세포)가 해내는 것이다.

글리아 세포가 하는 일 가운데 중요한 것 중의 하나는 신경세포를 감싸주는 일이며, 그것을 수초(Myelin Sheathe)라고 한다. 수초의 역할은 전깃줄을 감싸고 있는 비닐 같은 것으로 정보가 새어나가지 못하게 절연물질 구실을 하여 혼선을 막는 일을 한다. 이 수초는 군데군데 잘록하게 되어 있고, 이런 수초를 란베의 교륜(絞輪)이라고 한다. 이렇게 수초가 된 신경세포를 유수신경(有髓神經)이라 하고, 수초가 없는 신경을 무수신경(無髓神經)이라고 한다. 그런데 유수신경은 정보를 전달하는 속도가 무수신경의 100배나 빠른 초속 1미터의 효능을 내게 된다.

다음으로 글리아 세포의 중요한 역할은 영양 공급책의 일이다. 신경세포도 영양이 없으면 죽는다. 그러나 신경세포 자체는 이미 정보 통신을 위해 전선처럼 활동해야 하기 때문에 영양 섭취도 세포의 증식도 불가능하다. 그래서 글리아 세포가 그 일을 감당한다. 글리아가 하는 영양 공급을 대사 기능이라고 한다.

뇌에 필요한 영양소나 산소 등은 혈액을 통해 보내지지만, 뇌혈관은 소수의 예를 제외하고는 신경세포와 직접 결합되지 않는다. 그러므로 글리아 세포가 운반되어 온 물질을 혈관벽으로부터 흡수하여 신경세포에 공급하는 일을 한다. 그런데 공급된 물질 중 필요하지 않은 것들을 걸러내는 기능을 하는 역할도 글리아 세포가 하고 있다. 이것을 '혈액 · 뇌장벽'이라고 이름을 붙였다.

'혈액 · 뇌장벽'이 하는 일은 다음 장에서도 언급되겠지만, 뇌에 들어가는 혈액이나 다른 물질(호르몬 같은 화학물질)을 모두 검열하여 함부로 들어가지 못하게 하는 관문과 같은 역할을 한다. 또한 글리아 세포가 하는 일 중에는 쓸모 없게 된 세포를 청소하는 일도 한다. 그야말로 한 가정

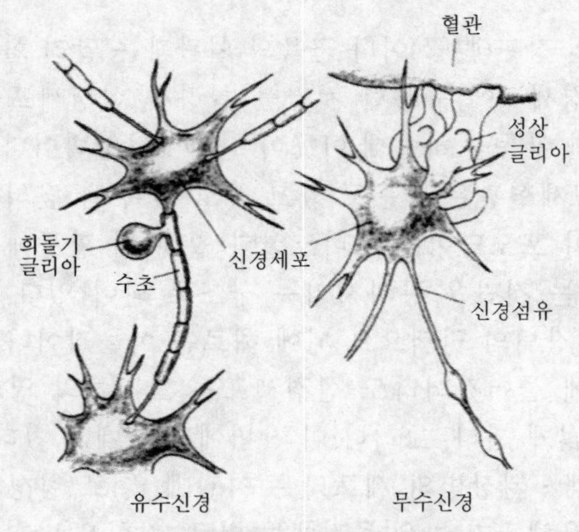

그림 20 · 유수신경과 무수신경

의 모든 일을 맡아 하는 청지기 역할이 글리아의 본분이다.

이렇게 글리아 세포는 더 이상 신경세포의 역할은 못하고 오직 신경세포를 돕는 일만 하는 세포가 된 것이다. 그런데 그 수는 신경세포의 몇 배나 된다. 이것이 발견된 것은 1846년이다. 글리아 세포의 종류는 10여종이나 되며, 대표적인 것으로 성상교(星狀膠), 희돌기교(希突起膠), 소교(小膠) 세포 등이 있다. 참으로 놀라운 뇌 자체의 활동에 감탄하지 않을 수 없다.

위대한 수문장, 혈액 · 뇌장벽

뇌에는 혈액 · 뇌장벽(Blood Brain Barrier)이라는 장치가 있다. 뇌에 있는 작은 혈관, 즉 모세혈관은 뇌 이외의 여러 기관인 장관(腸管)이나 근육의 혈관과는 달리 혈액 중에서도 신경세포에 유용한 것만을 골라서 신경세포에 보내는 특수한 활동을 하는데 이곳이 혈액·뇌장벽이다.

뇌의 모세혈관은 창문도 없고 틈도 없이 꽉 닫혀진 벽을 갖고 있어 포도당이나 아미노산과 같이 뇌 활동에 없어서는 안 되는 것만을 통과시키는 구조로 되어 있다. 이러한 혈액·뇌장벽의 덕택으로 뇌에 해로운 이물질이나 약물이 혈액 속에 들어갔더라도 신경세포는 그것들의 영향을 거의 받지 않게 된다. 그러나 이 장벽에도 한계가 있다. 그 까닭은 혈액·뇌장벽의 세포막은 지질(脂質)로 형성되어 있어 지질 용해도가 높은 물질에는 별로 그 힘을 발휘하지 못하고 쉽게 통과시켜 주고 있기 때문이다.

알코올이나 니코틴은 지질로 되어 있다. 그렇기 때문에 혈액·뇌장벽의 통과는 힘들지 않다. 그래서 알코올이나 니코틴을 섭취하면 몇 분 이내에 뇌에 도달하여 신경세포에 영향을 준다. 일본에서 발생하여 미나마따병의 원인이 되었던 메틸수은 화합물도 역시 장벽을 쉽게 통과하여 신경세포를 상하게 만들었던 경우이다. 그러나 알코올이나 니코틴은 적당한 한도 내의 양이면 얼마 후에 대사가 이루어져 뇌로부터 제거되어 뇌 밖으로 배설되지만, 메틸수은 화합물은 배설되기 힘들어 재생 불능의 뇌 상해를 입게 만든다.

이미 설명한 대로 혈액·뇌장벽은 글리아 세포막으로 둘러싸여 있는데, 이 세포막은 지질로 이루어져 있다. 그래서

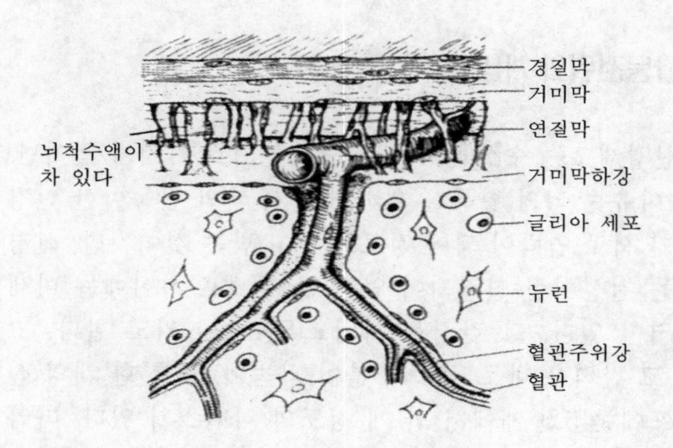

그림 21 · 혈액 · 뇌장벽

지질 용해도가 높은 물질은 이 장벽을 쉽게 통과할 수가 있다. 마약이나 알코올, 마취제, 본드 등을 포함한 각종 환각제는 이 장벽을 얼마든지 넘을 수 있게 되어 있다. 이것이 혈액 · 뇌장벽의 커다란 약점이기도 하다.

또한 혈액 · 뇌장벽은 바이러스의 침입에도 강력하게 대응하여 그 위력을 발휘한다. 아무튼 혈액 · 뇌장벽은 뇌를 위해 커다란 관문 구실을 함으로써 수문장으로서의 큰 공헌을 하고 있다. 그러나 이 장벽을 허물려는 적도 많이 있다는 것을 알고 사전에 방비 태세를 공고히 하지 않으면 안 된다.

현대인들은 뇌를 좋게 하는 약이 있다면 즉시 구하여 복용하는 경향이 있는데, 아무 약이나 다 흡수하지는 못한다는 것을 알아야 한다. 혈액 · 뇌장벽의 허락이 필요하기 때문이다.

활동전위와 시냅스

신경세포는 수상돌기 또는 축색돌기로 가지가 뻗어난다. 그 이유는 뇌의 활동을 위해서이다. 뇌의 활동이란 신경세포가 서로 연락이 되어 정보를 주고 받는 것이지만, 신경세포는 전선처럼 연결되어 있지 않고 세포 사이에는 미세한 간격이 있다. 그 간격을 시냅스(Synapse)라고 한다. 그리고 그 간격은 바로 접속 부분이 되는데, 보통 한 개의 신경세포에는 5천 개에서 만 개 정도의 시냅스가 있다. 따라서 한 개의 세포는 5천 개에서 만 개의 다른 신경세포와 연락을 하고 있다는 말이 된다. 그러므로 시냅스의 수는 천문학적이다.

시냅스를 전자현미경으로 보면 돌기의 끝이 마치 단추 모양으로 되어 있다. 그래서 '시냅스 단추', '신경종말' 또는 '신경말단' 등의 이름이 있다. 시냅스라는 이름은 그리스어로 접속한다는 뜻인데, 노벨생리학상 수상자인 셀린턴이 붙인 이름이다. 이제 뇌세포의 정보 전달 방식을 알아보자.

라디오나 TV의 소리 또는 화상이 나타나는 까닭은 무엇일까? 그것을 알기 위해서는 그것을 구성하는 여러 부문의 기능을 알아야 하고 그것들이 모여서 만들어진 전기회로를 이해해야 한다. 이처럼 우리의 뇌 활동에 대한 이해도 같은 이치이다.

남이탈리아의 폼페이시는 화산의 폭발로 폐허가 되었다

(서기 79년). 폼페이시의 폐허에서 약종상의 간판들이 발견되었는데, 그 간판들 중에 당시 지중해에서 잡히고 있던 '시끈가오리'라는 물고기의 그림이 그려져 있었다. 당시의 기록에 의하면 심한 통증의 진통을 멈추게 하기 위해 시끈가오리를 머리에 매고 있으면 우선 정신을 잃게 되므로 진통이 된다는 것이다.

그 까닭은 시끈가오리가 몸체에서 강력한 발전을 하고 있었기 때문이다. 이 고기는 다른 물체와 접촉되면 자기 방어를 위해 10볼트에 가까운 전류를 방출한다. 그래서 사람의 뇌세포도 정상적인 활동을 할 수 없어 실신할 수밖에 없게 되므로, 결국 이 치료법은 전기 쇼크 요법을 이용한 셈이다.

이 같은 어류는 여러 가지가 있다. 남미 아마존에 서식하는 뱀장어, 아프리카의 메기 등도 큰 것일 경우 사람이나 말 같은 동물도 꼼짝 못한다. 이와 같이 생물을 구성하고 있는 근육이나 신경 또는 세포가 활동할 때는 반드시 전기가 발생하며, 이 전기를 생물전기라고 한다.

아리스토텔레스도 뇌를 감각이나 운동의 중추로 생각했다고 하는데, 전기가 동물의 체내에서 발생한다는 것을 확인한 것은 이탈리아 볼로냐 대학의 해부학자 갈바니이다. 그는 어느날 개구리의 다리 끝이 철책에 있는 쇠갈고리에 걸려 있는 것을 보았다. 그런데 개구리의 다리가 바람에 흔들려 쇠에 부딪힐 때마다 다리가 수축되는 것이 아닌가. 그것이 힌트가 되어 연구한 끝에 동물전기가 근육에 있다는 것을 알게 되었다. 1791년의 일이었다.

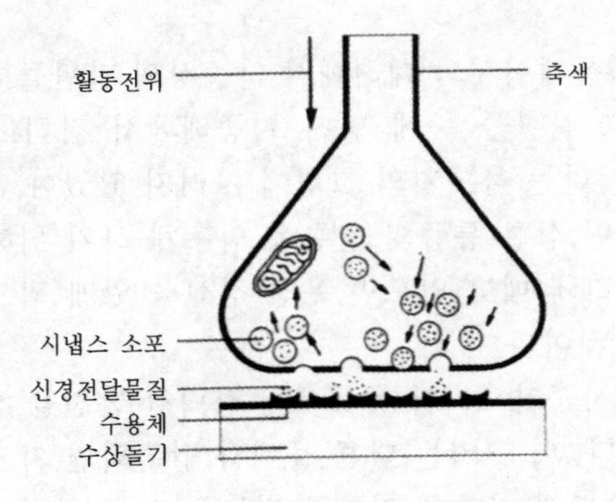

그림 22 · 시냅스의 전달

그 후 20세기에 들어와서 동물의 근육에 있는 동물전기는 근육신경 뿐만 아니라 더 나아가서는 뇌에도 있다는 것을 알게 되었다. 즉 신경세포가 움직일 때 전기가 발생하고 그것이 정보를 전달한다는 것을 확실히 알게 되었던 것이다.

그러나 뉴런이 전기를 사용하여 정보를 전달하는 구조는 전기가 전선을 흐르는 것과는 다르다. 약간 어렵겠지만 설명을 하고 지나가야겠다. 신경섬유의 전기 신호가 일어나는 까닭은 뉴런을 둘러싸고 있는 막의 내부와 외부에 존재해 있는 이온이 동일하지 않기 때문이다.

즉 세포 안에는 칼륨이온이 많고 밖에는 나트륨이온과 염소이온이 많은데, 신경세포에서는 밖에 있는 것이 (+)가 되고 안에 있는 것이 (−)가 된다. 이들은 다 같이 전류를 가지고 있다. (전기를 가지고 있는 분자를 이온이라고 한다.)

그런데 한 정보 신호가 신경섬유를 통해 전달하려고 할 때 바로 신경세포는 마치 근육이 수축할 때 꿈틀거리듯이 움직여야 한다. 이 꿈틀거리는 것을 생리학 용어로 흥분 또는 자극한다고 한다. 이때 세포 밖의 나트륨이온(+)이 세포 안으로 들어가고, 동시에 갈륨이온(−)이 밖으로 튀어나온다. 그리고 순간적으로 그 막의 전위가 뒤바뀐다. 이 역전의 순간을 활동전위라고 이름지었다.

물론 이때 세포 안의 전위는 일순간 (+)로 역전되고, 그 한순간이 지나면 즉시 원상복귀가 이루어진다. 이때 일어나는 파장을 임펄스(Impulse) 또는 탈분극(脫分極)이라고 한다. 임펄스는 언제나 앞으로만 향해 가고 고른 속도를 유지한다. 이렇게 활동전위는 축색을 통해 신경종말, 즉 시냅스까지 도달하고 없어진다. 물론 시냅스에서는 전혀 다른 방법이 행하여져 정보의 전달이 계속된다.

프로그램의 메신저, 신경전달물질

신경세포에서 활동전위가 일어나 이제 정보는 발진하여 다른 세포로 달리는데 물론 자기의 축색을 통해서이다. 그리고 끝부분인 시냅스에 도달한다. 그런데 이상하게도 거기서 활동전위는 멈추고 만다. 더 이상 다른 세포에 전달할 능력이 없어졌기 때문이다. 왜 그런가 하면 이미 설명한 대로 신경세포가 연결되어 있지 않으므로 활동전위의 능력으로는 통과할 수가 없기 때문이다.

그런데 끝남이 새로운 사태를 일으킨다. 즉 그것이 도달한 시냅스에서 일이 발생하는 것이다. 이미 언급한 대로 신경세포와 세포 사이에는 아주 작은 간격, 곧 틈이 있다고 했는데(약 5만분의 1밀리미터) 이 부분에는 아주 작은 주머니가 많이 있고, 그 속에는 화학물질들이 들어 있다. 그래서 시냅스 소포라고도 한다. 정보가 활동전위로 그 주머니까지 도달하면, 그 주머니가 열리면서 화학물질이 틈 속에서 분비된다.

그 틈 속에서 나온 화학물질이 확산되면서 다른 세포에 정보를 전달한다. 그러니까 세포의 전달물질인 활동전위가 다른 세포로 전달하기 위해서는 새로운 전달물질이 필요한데, 그 새로운 전달물질이 이미 시냅스 속에서 기다리고 있다가 활동전위의 도착과 함께 활동을 시작하는 것이다.

결국 신경세포는 활동전위를 발생시켜 정보를 시냅스까지 도달하게 하고, 여기서 다시 새로운 전달물질의 협조 활동으로 다른 세포로 옮겨지게 한다. 그리고 그것을 받은 뉴런은 다시 자신의 활동전위로 정보를 보내는 과정을 반복함으로써 정보전달은 계속된다. 그런데 나중의 전달물질은 단순한 전기 활동이 아니라 순전한 화학물질인 것이다.

이로 인해 우리는 뇌 속에는 활동전위라는 전기가 달리고 있을 뿐만 아니라 동시에 화학물질이라는 복잡한 시스템도 있다는 것을 알 수 있다.

정교한 자물쇠, 수용체

전기적인 방법(활동전위)으로 송달된 정보가 시냅스에 도달하면, 대기하고 있던 시냅스 소포 안의 물질이 파열되고, 그 속의 물질이 시냅스 간격에 방출된다는 것을 앞에서 설명한 바 있다. 방출된 물질은 불과 5만분의 1밀리미터라는 짧은 길이이지만 다음 접속 지점인 신경세포(목표가 되므로 '표적 세포'라고 한다)까지 헤엄쳐 간다. 헤엄을 친다는 표현은 시냅스 간격이란 따지고 보면 체액으로 된 바다와 같기 때문이다.

방출된 화학물질이 그 역할을 완수하기 위해서는 표적 세포에 확실하게 접속되어야 한다. 그런데 놀라운 일은 이 시냅스에서 접속되는 화학물질은 반드시 그 물질을 받아들일 수 있는 수용체(Receptor) 속에만 들어갈 수 있고 받아들여진다는 사실이다.

말하자면 시냅스에는 수용체가 꼭 있는데, 그것은 자물쇠로 비유할 만한 아주 정교한 것이다. 왜 정교하다고 하는가 하면, 아주 빈틈이 없는 자물쇠 같아서 아무 열쇠나 드러맞는 것이 아닌 자물쇠이고, 알맞는 열쇠 이외에는 절대로 들어갈 수 없도록 만들어져 있기 때문이다.

이렇게 정교하게 만들어진 이유는 무엇일까? 그것은 꼭 필요한 정보만을 받아들이려 하기 때문이다. 다른 비유로 설명하자면 수용체는 TV나 무선의 수신 안테나와 같이 이미 약속되어진 것만 수신하도록 되어 있기 때문이다.

그런데 전달물질인 화학물질과 수용체는 다 같이 단백질에서 만들어지고 있다. 분자라는 입장에서 볼 때, 시냅스에서의 화학물질과 수용체에 의한 정보전달은 사실 단백질끼리의 결합인 것이다. 생각해 보면 당연한 이야기이다.

단백질은 핵산 DNA로부터 막대한 유전정보를 받아들여 생명 활동의 주요 부분을 담당하는 분자이다. 그런데 꼭 알아야 할 것은 신경전달물질이 표적 세포인 상대 세포까지 도달하여 순수하게 전달만 하는 것이 아니라 전달받는 상대를 흥분시키고 다시 신호를 일으켜 전달케 한다는 흥분성형이 있고, 다른 하나는 신호의 전달이 더 이상 필요하지 않으므로 중단시키려는 억제성형이 있다.

만일 이런 장치가 없다면 신호는 쉬지 않고 계속 전진만 할 것이다. 그러므로 중지시키는 장치가 필요하다. 또 한 가지 형태의 시냅스가 있는데, 그것은 전억제성형(前抑制性型)이다. 신경전달물질의 종류는 매우 많지만 신호 전달의 활동에는 이 세 가지 종류만 있다.

이미 설명한 대로 우리가 설 때나 앉을 때 근육의 움직임이나 뼈의 관절이 잘 움직여지거나 자세를 조절하는 것은 다 뇌의 운동 중추 세포로부터 오는 임펄스(활동전위) 때문인데, 그것은 바로 신경세포가 흥분함으로써 시작되는 것이다.

그러나 임펄스가 쉬지 않고 신호를 보내고 있다면 어떻게 되겠는가? 그래서 억제성 시냅스가 필요했던 것이다. 그러니까 우리 몸이 걷기도 하고 쉬기도 하는 까닭은 바로 뉴런과 시냅스의 절묘한 전달 활동 때문이다.

순식간에 온몸으로 퍼지는 명령기구, 중추신경계와 말초신경계

뇌를 크게 나누면 거대한 대뇌와 그것을 지탱해 주는 줄기 같은 뇌간, 뇌간으로부터 늘어져 있는 척수, 그리고 그 뒤에 돌출된 소뇌의 네 부분이다. 그중에서도 세포간의 정보를 교환하고 각기의 세포 활동을 유기적으로 통합하기 위한 두 개의 커다란 시스템이 있다. 그중의 하나는 내분비계이고, 또 하나는 신경계이다.

신경계에는 뇌와 척수로 이루어진 최고사령부격인 중추신경계와 외계 또는 온몸의 여러 부위로부터의 각종 정보를 신속하고 정확하게 중추에 전달하거나 또는 반대로 중추로부터의 명령을 효과적으로 전달하는 연락망인 말초신경계가 있다.

그러므로 중추신경계란 들어온 정보를 모으고 통합하여 과거의 기억 등을 참고로 최종 명령을 내리는데, 일련의 신경세포의 네트워크로 컴퓨터와 같은 것이라고 할 수 있다.

상가(喪家)에서 유족과 인사를 나눌 때 무릎을 꿇고 앉을 경우가 있다. 그런데 얼마 동안 앉아 있노라면 발이 저리다. 그런 경험을 느끼는 것이 좌골신경이다. 저리지 않게 하려면 좌골신경에 압박을 주지 않도록 해야 된다. 좌골신경은 인체에서 가장 큰 말초신경이다.

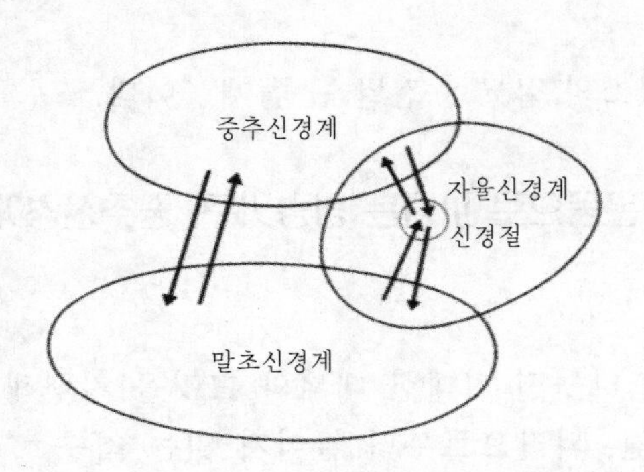

그림 23 · 신경계

말초신경은 형체상으로는 뇌로부터 나온 12쌍의 뇌신경과 척수로부터 나온 31쌍의 척수신경으로 구분한다. 기능적으로 보면 말초신경은 지각신경, 운동신경, 그리고 무의식적으로 신체의 기능을 조절하고 있는 자율신경으로 나눌 수 있다.

무의식적으로 활동하는 자율신경

자율신경이란 대뇌의 명령 없이도 언제든지 자율적으로 근육의 움직임을 관장할 수 있는 기능을 가지고 있다. 구체적인 예를 들면 생명을 유지하는 기본적인 소화기 계통, 호흡기 계통 등의 동작은 모두 자율신경계에 의해 움직여진다. 물론 뇌간이나 척수 또는 대뇌변연계의 지배도 받지만 대뇌의 명령 없이도 동작을 할 수 있다.

사람이 살아가는 데 있어 신체 내부의 문제, 즉 심장이나 위의 활동을 일일이 체크하면서 살아가지는 않는다. 더욱이 건강할 때는 거의 무관심하다. 이 말은 우리의 내장은 우리의 의식과는 상관없이 활동하고 있다는 것이다. 말하자면 내장은 하나의 독립 왕국이라 할 수 있다. 아무도 식사를 하면서 나의 위가 지금 어떤 상태에 있을까 걱정하지 않는다.

왜 그럴까? 그것은 내장 자체가 잘 알아서 처리하고 있기 때문이다. 위액도 활발하고, 소화도 잘되고, 뛰면 심장이 빨라지고 혈관이 열리면서 근육에 혈액이 보내진다. 체온도 역시 자율적으로 행동하여 외부의 온도에도 그리 큰 영향을 받지 않고 일정한 온도를 유지하고 있다.

이런 현상도 역시 우리 몸이 자연적으로 잘 알아서 처리하는 능력을 갖추고 있기 때문이다. 이렇게 체온을 일정하게 유지해 나가는 현상을 생체항상성(Homeostasis)이라고 한다.

이토록 자율신경계는 거의 모든 내장을 지배하고 있으므로 한 부처의 장관과도 같지만 그 위의 상관도 있다. 그것은 대뇌구피질이다. 그리고 내장의 상태를 가장 빨리 체크하는 곳은 시상하부이다.

교감신경과 부교감신경

자율신경에는 서로 상반된 두 개의 신경이 있다. 그 하나는 교감신경이고 다른 하나는 부교감신경이다. 교감신경은 일종의 충격적인 활동을 하는 신경이다. 예를 들면 심장의 수축력이 증가하고, 박동이 빨라지고, 거기에 따라서 혈압이 오르는 따위이다. 그와는 반대로 부교감신경은 심장의 활동을 억제한다.

또 눈의 동공은 교감신경으로 커지고 부교감신경으로 작아진다. 이런 것을 알아서인지 옛날 유럽에서는 귀부인들이 밤 무도회에 나갈 때 '아도로핀'(아름다운 여자라는 이름의 약초가 포함되어 있는 약)을 마셨다. 이 약은 부교감신경의 동작을 억제하는 것이므로 자연히 눈동자가 커지게 된다. 조금이라도 아름답게 보이려는 여자의 마음이 여기서도 잘 나타나 있다. 부교감신경이 눈동자(동공)를 작게 하는 것을 알고 있었기 때문이다.

폐나 기관의 근육은 교감신경으로 이완되고 호흡을 촉진하지만, 부교감신경에서는 수축이 되면서 호흡하기가 힘들어진다. 그러나 어떤 기관에서는 그렇지 않은 경우도 있다. 그러니까 보통 크게 할 때는 교감신경, 조용하게 하려면 부교감신경이라고 알고 있으면 된다.

화재가 일어났을 경우 평소에는 생각치도 못했던 무거운 짐을 들 수 있는 괴력이 나타나는 것도 교감신경이 활동하면서 운동신경에 영향을 주어 그 결과 근육에 놀라운 힘이 나타나 괴력적인 능력을 발휘하기 때문이다. 핏대를 올리고 얼굴이 불거지면서 고함을 지르는 것도 교감신경의 활동이다.

다시 한번 정리해 보자. 교감신경의 '교감'이라는 영어는 'Sympathetic'인데, 음악에서 말하는 교향곡의 교향이라는 뜻이 있다. 그러니까 교감신경은 온몸의 신경이 교향곡을 연주하듯이 활동하여 온몸을 흥분시킨다. "자, 운동하자, 공부하자, 일하자"고 할 때 뇌의 여러 신경을 포함한 온몸의 교감신경이 활동함으로써 그 준비를 하게 만든다.

그 결과 말초의 모세혈관이 수축되어 혈압이 올라가고, 최대한으로 활동하지 않으면 안 되는 뇌와 심장, 골격근에 혈액이 모인다. 이와 같이 교감신경의 활동은 자동차로 말하면 액셀러레이터를 밟는 것이고, 극단적으로 말하면 노발대발하는 폭군처럼 된다. 따라서 과도하면 긴장되어 시합에서 우물쭈물한다든가 중요한 것을 잊어버려 실패하기도 한다.

이에 반해 부교감신경은 날뛰는 말처럼 흥분한 교감신경을 섬세하게 다독거리고 융통성 있게 활동하도록 한다. 교감신경은 살아 남기 위해 싸우는 것과 같은 전투적인 활동이어서 그 결과 몸의 에너지를 소모하고 혈압도 오르고 심장도 지쳐 버리게 되지만, 부교감신경은 그러한 교감신경의 과도한 활동을 통제해 준다. 그래서 교감신경이 잠을 잘 때도 부교감신경은 활동을 함으로써 깨어난 후의 준비를 도와준다.

교감신경은 없어도 살 수 있으나 부교감신경은 없으면 건전하게 살아갈 수가 없다는 말까지 있다. 캐논이라는 사람은 교감신경을 모두 제거한 개를 오래도록 살게 하는 데 성공했다. 그러나 부교감신경만으로는 조용하고 편안하게 살 수는 있으나 풍파가 거센 현실 사회에서는 가끔 교감신경의 활약도 필요하다.

교감신경과 부교감신경의 밸런스가 있기 때문에 긴급할 때나 평상시의 역할 분담을 잘하여 어떤 상황에서도 대응하고 훌륭하게 뚫고 나갈 수가 있는 것이다. '자율신경의 실조'라는 것은 이 두 가지 신경 활동의 부조화에서 나타난다.

A·B·C계 신경

이미 설명한 대로 신경섬유에는 무수신경과 유수신경이라는 것이 있다. 수초(髓鞘)라는 말은 글자 그대로 전깃줄에 피복을 입히듯이 신경세포를 싸감은 것, 즉 껍질을 말한다. 수초를 입은 것이 유수신경이고, 아직 수초가 되어 있지 않은 것이 무수신경이다. 수많은 다른 신경세포끼리의 혼선을 막고, 또 전달 속도를 빠르게 하는 이점이 있다.

뇌간의 신경은 무수신경으로 구성되어 있는데, 거기에는 수만개씩이나 되는 신경세포의 집단이 있다. 이 집단을 신경핵이라고 한다.

그림에서와 같이 신경핵은 안쪽의 두 줄을 B계열(B계신경)이라 하고, 바깥쪽의 두 줄을 A계열(A계신경)이라 하며, 그 중간 부분 하단부에 있는 줄을 C계열(C계신경)이라고 한다. 밑에서부터 1·2·3… 순으로 번호를 매긴다.

이들 신경핵은 뇌가 좌우 대칭이기 때문에 좌우가 다 같다. 그런데 A계신경은 뇌를 각성시켜 쾌감을 낳게 하고, B

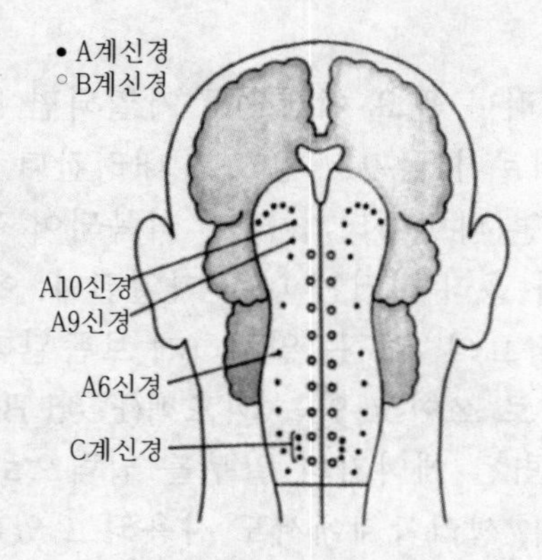

그림 24 · AB계 신경

계신경은 A계의 활동을 억제하는 것으로 알려졌다. 결국 시상하부나 대뇌변연계에서 생기는 희로애락은 구체적으로는 A계신경, B계신경의 통로로 전달되고 있는 것이다. 그중에서 A6은 푸른색을 띠고 있으므로 청반핵(靑班核)이라 하고, A10은 검은색을 띠고 있으므로 흑질(黑質)이라 한다. A10은 가장 큰 도파민 신경핵이다.

생명체의 열쇠를 거머쥔 피드백

우리가 사용하는 많은 전기기구에는 가열되면 자동적으로 전기가 꺼지도록 만들어져 있는 것이 있는가 하면, 열이 약해지면 자동적으로 전기가 들어와서 가열되기 시작하는 장치가 되어 있다. 그 대표적인 것이 전기 담요나 전기 스토브, 전기 포트 등의 전열기구이다.

전기 담요에 전원이 통하면 전류가 흘러 히터가 가열되고 열이 나온다. 그러나 필요 이상으로 가열되면 바이미터가 반전되어 전기회로가 끊기고 온도가 내려간다. 온도가 어느 정도 내려가면 바이미터가 다시 회복되어 전기회로는 접속되고 전류가 흘러 히터는 다시 가열된다. 이것이 거듭됨으로써 전기 담요의 온도는 일정하게 보존된다.

전기공학 용어로 쓰이고 있는 피드백(Feed Back)이라는 용어는 이미 출력된 에너지의 일부를 입력으로 되돌리는 조작을 말하는데, 생리학계에서도 사용되고 있다. 그 까닭은 전달물질이 수용체에 들어옴으로써 여러 가지 신체의 활동이 이루어지지만, 그것이 지나치게 들어올 수도 있기 때문이다. 가령 뇌하수체 호르몬이 말초 혈액 속으로 과다하게 들어오면 그것을 억제하여 다시 뇌하수체로 되돌리는 일을 하는 작용을 말한다. 이와 같이 되돌리는 작용을 하는 수용체를 '자동 수용체'라고 한다.

또한 부신피질에서 분비되는 부신피질 호르몬도 시상하부의 지배하에 피드백으로 조종되어 인체 내에서나 동물의 체내에서 일정한 최적의 조건이 유지되고 있다. 이와 같은 것을 생리학에서는 생체의 항상성이라고 하며, 인간이 생명을 유지하고 있는 근원이 되고 있다. 그래서 이 피드백을 신으로부터 부여받은 안전 시스템이라고 말하는 생리학자도 있다.

이러한 활동을 하는 피드백을 '마이너스 피드백'이라고 한다. 흔하지는 않지만 그 반대 현상도 더러는 있다. 이것을 '플러스 피드백'이라고 한다. 이러한 피드백 장치가 우리 인간의 신체 속 여러 곳에서 활동하고 있어 우리의 생명을 유지시키고 있다. 매우 신기하고 중요한 기구가 아닐 수 없다.

인간 수호의 전위대, 면역계

사람의 혈액은 몸의 각 조직 세포에 산소와 양분을 날라다 주고 조직 세포에서 생긴 노폐물을 배설 기관까지 옮겨다 주는 일을 한다. 또 혈액은 적혈구, 백혈구, 그리고 혈소판의 세포 성분이고, 나머지 약 55%가 액체 성분인 혈장으로 되어 있다.

이 가운데 백혈구의 중요 작용은 체내에 들어온 이물질들을 먹어치우는 일이다. 물론 이물질이 해를 끼칠 것임을 알고 대항하여 우리의 몸을 보호하기 위해서이다. 그 역할을 하는 것이 바로 T임파구와 B임파구인데, 이러한 방어 기구를 면역계(Immunity)라고 한다. 그러니까 사람의 면역계는 자기에게 속하고 있지 않은 이물질을 식별하는 능력이 있는 것이고, 이러한 능력은 이미 태내에서부터 생겨났다.

B임파구는 성장 초기에 골수의 영향을 받고 성장하여 항체를 만들고, 외부에서 침입한 세균 등을 무력화시키는 일을 한다. T임파구는 흉선 호르몬의 영향을 받고 자라서 이물질이 들어왔을 때 소탕하는 역할을 한다. 예를 들면 우리 몸 안에 암세포가 생기는데, 암세포는 물론 우리 몸의 세포와는 다르다. 그러므로 그것은 이물질이고, 그 이물질은 항

원을 지니고 있다.

그런데 이물질의 항원을 죽여 버리는 힘을 가진 임파구에는 그 항원을 소탕할 능력이 있는데 그것을 항체라고 한다. 그러니까 항원을 항체가 물리치는 것이다. 그러나 만일 항체가 약하면 항원이 기세를 부리고, 암세포는 분열을 일으켜 점점 커지면 T임파구는 감당하지 못하게 된다.

면역계의 또 하나의 특징은 기억력이다. 인체 가운데서 기억력을 가지고 있는 곳은 중추신경계와 면역계뿐이다. 그러니까 면역계는 한번 항원과 접촉하면 그 경험을 잊지 않고 기억하고 있는 것이다. 따라서 거기에 대항하는 항체를 만들어낸다. 면역 기능 때문에 홍역이나 항아리손님, 수두에 한번 걸리면 평생 다시 걸리지 않는 까닭이 여기에 있는 것이다.

그러나 인플루엔자, 즉 유행성감기에는 매년 걸리게 되는데, 그 이유는 인플루엔자 바이러스가 조금씩 변화(항원성변이라고 한다)를 일으킴으로써 면역 방어망을 뚫고 나가기 때문이다.

요컨대 면역계는 자기와 자기 아닌 것(이물질)을 식별하고, 일단 이물질로 식별한 것은 항상 기억해 두었다가 그것을 공격함으로써 신체의 방어 기구로서의 활동, 즉 사명을 다 하고 있는 것이다. 이러한 방어 기구에는 세포면역과 액성면역(液性免疫)의 두 종류가 있다.

면역 세포는 특수한 세포군(細胞群)을 이용하여 침입자를 공격하는데, 가령 장기 이식을 받는 경우 이식을 받는 사람에게 들어오는 장기는 다른 사람의 장기이므로 면역계는 그것이 자기 몸의 것이 아니기 때문에 그 장기를 공격하는 거부 반응을 일으키게 되는 것이다. 그래서 장기 이식을 받는 사람은 면역 억제제라는 약을 먹어야 한다. 즉 면역 능력을 억제시키는 것이다.

면역 세포는 골수에서 만들어지며, 그 후 몇 가지 다른 성장 과정을 거치지만, 그 반 정도는 흉선에 운반되어 흉선에서 분비되는 호르몬 작용을 받아 성숙한 T세포(T임파구)가 된다. 전에는 이것이 확실하지 않았는데, 1982년 미국의 두 연구 그룹에서 밝혀냈다. 이것은 참으로 큰 발견이었다. 왜냐하면 지금까지 신경계와 면역계는 별도의 방어 체계로 알려지고 연구되어 왔기 때문이다. 결국 이 발견으로 양자가 긴밀한 상호관계에 있다는 것이 해명된 것이다.

그러니까 인간의 뇌와 신체는 이제 신경계와 면역계로 인해 떨어질 수 없는 하나의 관계에 있음을 확인하게 되었다. 최근에 문제가 되고 있는 AIDS병은 AIDS 바이러스(HIV)의 감염으로 인해 임파구와 뇌세포가 특이하게 파괴되는 병이다.

또한 임파구와 면역에 관여하는 세포들이 뇌 호르몬이나 신경전달물질 등과 결합하는 수용체를 갖추고 있다는 것이 밝혀졌다. 이것은 결국 뇌와 면역을 담당하는 세포들 사이에 유기적이고 긴밀한 관련이 있다는 것을 말해 주는 것이다.

T임파구를 성숙시키는 호르몬샘인 흉선은 호르몬계의 우

두머리격인 시상하부와 직접적인 관계가 있는데, 시상하부는 기쁨과 슬픔 등의 감정 중추들이 모여 있는 곳이므로, 우리의 마음 가짐은 바로 면역계에 영향을 미치고 있다는 것을 알 수 있다. 이것은 시상하부와 면역계의 관련성에 대한 베세돕스키의 실험 결과로 나타났다.

또 키엑트나 딜론 등도 사람의 감정과 면역계와의 관계를 검사한 결과 사람들의 감정 여하에 따라서 그 세포의 수가 오르기도 하고 내리기도 한다는 보고를 하고 있다. 매크레런드의 조사에 의하면 노벨평화상을 받은 테레사의 기록 영화를 학생들에게 보여주면서 그들의 침을 채취하여 항체를 측정했더니 영화를 보기 전보다 그 양이 많아졌다고 한다.

가족의 죽음으로 인한 슬픔 같은 일로 인해 암이나 다른 병이 발생하기 쉽다는 것도 이미 밝혀져 있다. 즉 마음에 극심한 슬픔이 계속되는 동안은 T임파구의 수가 감소되고, 반대로 암세포는 번성하게 되었다는 보고도 있다. 그러나 슬픔이 사라지고 다시 기쁨을 되찾으면 T임파구의 수가 증가하기 시작하고 활동력도 강해졌다고 한다.

우울증 환자에게서도 임파구 수의 감소와 면역 기능의 저하가 나타났다는 보고가 있다. 그러니까 사람의 감정은 신체에 영향을 주고 있는 것이다. 그러한 것을 연구하는 학문을 정신신경면역학이라고 한다.

한편 매우 흥미 있는 사실이 알려졌는데, 그것은 면역계의 작용이 하룻동안에도 똑같지 않다는 것이다. 즉 면역의 힘이 약해지는 시간도 있다는 것이 최근 주목되고 있는 시간생물학의 연구로 밝혀졌다. 일반적으로 면역 기능은 오전 1시경에 최저치를 나타내고, 그 후 상승하여 오전 7시경에 최고치를 나타낸다고 했다.

4. 뇌 속에는 화학물질이 가득하다

화학물질로 된 전달물질

어떤 생리학자는 뇌라고 하는 거대한 '블랙 박스'의 수수께끼는 호르몬이라고 하는 분자(화학물질)의 수준으로부터 해명할 수밖에 없다고 했는데, 우리 체내의 각 기관과 뇌신경의 정보 전달자는 바로 호르몬 분자이다. 이 호르몬은 바로 화학물질이다. 호르몬이란 세포간의 정보를 교환하는 전령, 즉 메신저의 역할을 담당하는 모든 물질의 총칭이다. 왜 이런 것이 필요한가?

단세포 생물은 세포가 하나이므로 정보를 전달해야 할 상대가 없으나, 다세포 생물로서는 세포가 일사분란하게 기능을 발휘하기 위해서는 서로간에 정보를 전해야 할 필요가 있다. 그 정보를 전달하는 것이 바로 신경전달물질이고, 그것이 바로 호르몬이다.

신경전달물질에 대해 모든 과학자들이 알고 싶은 것은 그 물질이 뇌의 어느 부분에서 작용하고 있는가 하는 점이다. 사람들은 어떤 특정한 물질이 어느 부위에서 주로 형성되며, 또 어느 부위로 분포되는지, 그리고 어떤 특정한 행위를 하는가에 대해 무척 궁금하게 여기고 노력한 끝에 차차 여러 가지를 발견하게 되었다.

앞에서 설명한 대로 신경전달물질은 시냅스에서 분비되는 화학물질을 말하는데, 단지 그 화학물질이 모두 같지 않다는 것을 알 필요가 있다. 수많은 호르몬, 즉 화학물질을 모두 다 기록하는 것도 힘들지만, 그것은 우리의 머리를 혼잡하게 할 뿐이다. 그래서 대략 많이 알려진 것만을 개략적으로 소개한다. 옛날에는 불과 몇 종류밖에 알려지지 않았던 호르몬 분자가 지금은 3, 4백 종류에 이른다고 한다.

아세틸콜린

아세틸콜린(Acetylcholine)은 신경전달물질로서 최초로 분류되어 그 구조와 기능이 해명된 물질이기 때문에 다른 모든 전달물질의 판정 기준이 되었다. 이 물질은 주로 골격근을 지배, 즉 수축시키는 뉴런과 심장 박동을 조절하는 뉴런으로부터 방출되며, 또한 뇌와 척수의 뉴런 사이의 정보 전달에도 관여하고 있다.

골격근에 대한 아세틸콜린 작용의 장애가 있으면 무증근무력증(無症筋無力症)이라는 질환의 원인이 된다. 다른 전달물질은 단백질 성분인 아미노산과 거기서 만들어진 아민이다. 그러나 아세틸콜린은 유일하게 이것들과 다른 전달

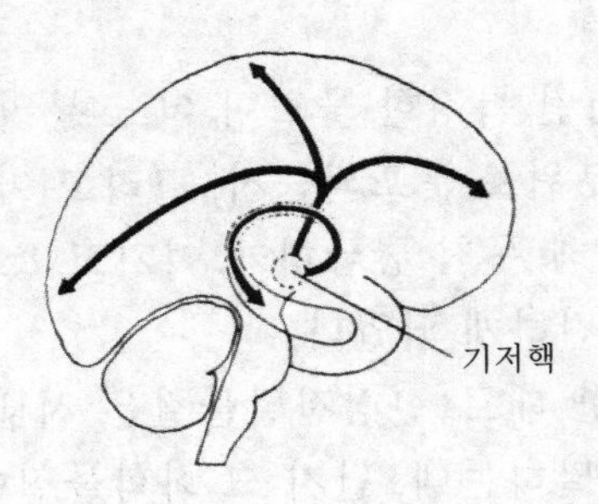

그림 25 · 콜린 작동성 회로

물질이다. 아세틸은 초산이고, 콜린은 비타민 B의 일종이다. 이 물질은 다른 전달물질과는 달리 유수신경이나 무수신경 모두에 작용할 수 있다. 왜냐하면 그 화학 구조가 도파민과 같기 때문이다.

인간의 뇌는 유수신경과 무수신경의 구조물로 구축되어 상호간에 피드백되면서 절묘하게 활동한다. 그것을 가능하게 하는 것은 두 신경에서 활동하는 아세틸콜린의 작용 때문이다. 이것은 대뇌에서도 중요한 활동을 하고 있는데, 특히 알츠하이머병은 아세틸콜린과 아세틸콜린을 합성한 효소가 적어짐으로써 발생한다는 것이 알려졌다. 그래서 이 화학물질을 부활시키는 방법을 찾아내는 연구가 진행 중이다.

노르에피네프린

노르에피네프린(Norepinephrine)은 노르아드레날린이라고도 불리는데, 신경계의 신경에만 분비되는 도파민과는 달리 뇌와 함께 교감신경으로부터도 널리 분비되어 사람을 각성시키고 행동케 하며 활동적으로 되게 한다. 사람이 활동을 시작하려 할 때 노르에피네프린은 급격히 다량으로 분비된다. 그래서 아침에는 노르에피네프린의 분비가 시작됨으로써 눈이 떠지고, 낮에는 노르에피네프린의 분비로 활동하며, 밤에는 노르에피네프린의 분비가 감퇴되므로 잠을 잔다는 말이 있다.

노르에피네프린이 급격히 다량으로 분비되면 말초의 모세혈관이 수축되고, 혈액은 활동하려는 뇌 내부와 골격근에 집중한다. 그러므로 긴장하면 (혈액이 뇌에 집중하므로) 안면이 창백해진다. 노르에피네프린은 강력한 각성력으로 인간이 지식을 유지하는 데 많은 역할을 한다. 도파민이 인간 정신의 원천이라고 한다면, 노르에피네프린은 인간 생명의 원천이라 할 수 있는 중요한 신경전달물질이다.

도파민

인간의 뇌에는 다른 동물보다 특별히 다량으로 분비되어 뇌를 각성하게 하고 쾌감을 이끌어내며 창조성을 발휘하는 아주 중요한 신경전달물질이 있는데 이것이 도파민(Doparmine)이다. 도파민은 한마디로 인간 스스로가 뇌 속에서 만든 각성 물질이라고 할 수 있다. 현재 사용되고 있는 모든 각성제의 화학식은 바로 도파민과 똑같다.

도파민은 검은색을 띠고 있기 때문에 흑질이라고 말해지

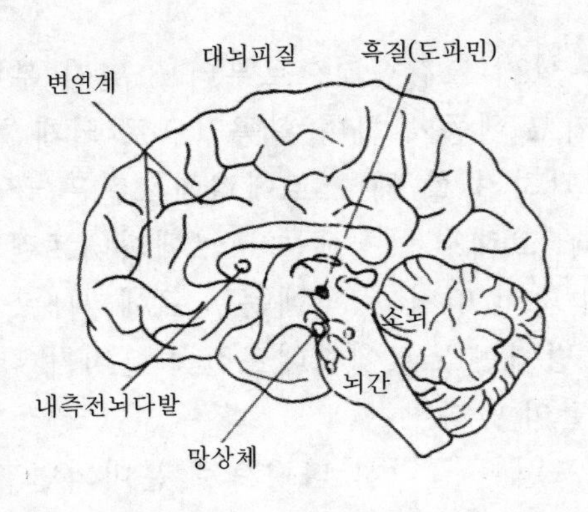

그림 26 · 도파민이 방출된 장소

는 A10신경세포에 가장 많이 집중되어 있다. 마약이나 필로폰 같은 것의 구조가 이 도파민 구조와 흡사하다. 도파민의 용어는 도파(단백질 성분)와 아민(아미노산)을 뜻하는 말로 단백질 성분의 아미노산이다.

에피네프린

원래 부신에서 나오는 호르몬이라는 뜻에서 '아드레날린'이라고 불렀으나 최근에는 뇌에서 발견되는 중요한 신경전달물질의 하나인 것으로 밝혀졌기 때문에 에피네프린(Epinephrine)이라고 부르고 있다. 아침에 일어나 활동을 시작할 때 풀어진 근육의 긴장도를 적당히 높여 주고, 인간활동의 에너지 근원이 되는 포도당의 양을 급증시켜 온몸의 활동을 준비하게 한다.

에피네프린은 A계신경 하부에 있는 C계신경의 전달물질

로서 뇌 전체에 분비되어 있다. 이것은 놀랄 때나 공포를 느낄 때 많이 분비되고 각성 활동에도 연관되어 있다. 그런데 스트레스가 오래 지속되었을 때는 에피네프린이 너무 많이 분비되므로 혈액 내의 포도당이 많아져서 당뇨병이 될 수도 있다.

카테콜아민

카테콜아민(Catecholamine)은 도파민, 노르에피네프린, 에피네프린의 세 분자를 합친 것을 말한다. 이 세 분자는 따로따로 분비되는 것이 아니고 섞여서 분비되는 것이다. 그것은 A계신경에서도 그렇고 부신 수질에서도 그렇다. 그러나 어느 것이 많이 분비되느냐에 따라서 그 작용의 성질이 결정되는 것이다.

카테콜아민은 결국 인간을 각성시키고 활동케 하며 쾌적한 생활을 하도록 하는 중요한 신경전달물질이자 호르몬인 것이다. 그러니까 카테콜아민이란 도파민 관련 물자들의 합성, 즉 그룹을 의미하는데 단백질 음식에 포함된 티로신을 기본 물질로 하여 합성된다.

세로토닌

도파민, 노르에피네프린, 에피네프린은 모두 각성 계통의 호르몬이다. 그러나 각성의 호르몬이 자꾸 분비되면 사람은 과잉 활동만 하므로 에너지를 모두 소비하게 되어 결국 자신을 죽게 만든다. 혹은 혈압이 과도하게 높아지므로 심장이 파열해 버릴지도 모른다. 그래서 그렇게 되지 않도록 특별한 신경전달물질이 분비되어 이러한 과잉 활동을 억제하고 조절하는 것이 세로토닌(Serotonine)이다.

그러나 쾌감과 불쾌감이라는 것이 서로 밸런스가 이루어짐으로써 인간의 뇌나 정신은 정상적으로 활동할 수 있는 것이다. 결국 세로토닌은 이와 같이 각성, 쾌감 등을 컨트롤하는 B계신경의 주역이다.

뇌 속의 마약, 엔돌핀

1960년대 말부터 진보적인 뇌 과학자들은 식물에서 나온 물질이나 코카인과 같은 마약류가 사람에게 쾌감을 주는 까닭이 무엇일까를 생각했다. 마약이 뇌에 효능을 나타내는 까닭은 뇌 속에 무엇인가가 그것과 비슷한 어떤 순수한 물질이 있기 때문이라고 추측하기 시작했다.

1975년 스코틀랜드 아바딘 대학의 존 휴즈 등이 발견한 것은 뇌 속에는 마약 작용을 하는 물질이 존재하고 있다는 것이다. 그러한 발견은 1973년 항마약제를 쥐의 뇌에 교묘하게 투여함으로써 뇌 속에도 마약을 받아들이는 수용체가 있다는 것을 알았기 때문이다.

사람에게도 그런 물질이 있을 것이라는 결론을 내리고 찾아낸 다음에 붙인 이름이 바로 '엔돌핀'(Endorphin)이며, 이 말은 '체내 마약'이라는 뜻이다. 내인성(內因性) 모르핀이라는 뜻을 지닌 이 엔돌핀은 체내의 마약인데, 현재 발견된 것은 20 종류 이상이다. 그중에는 모르핀의 10배도 더 되며 진통 작용이 강한 베타 엔돌핀이라는 것도 있다.

체내 마약의 발견으로 지금까지 수수께끼로 여겨 왔던 갖가지 현상들의 설명이 가능해졌다. 가령 중추에서 행해지고 있는 '침구요법의 마취'의 정체는 결국 침을 가지고 뇌 속에 있는 마약 물질의 분비를 촉진시킴으로써 마취 효과를 가져오게 했다는 것이 밝혀졌다.

그러면 그 작용은 어떻게 이루어지는가? 그것은 분비된 체내 마약 물질이 제일 먼저 통증 감각을 전해 주는 신경을 뇌 속에서 차단시킴으로써 통증을 진정시키는 것이다.

글루타민산

신경전달물질 가운데는 항상 신경세포를 흥분시키는 것과 억제하는 것이 있고, 상황에 따라 행동하는 중도형도 있다. 함량을 따져서 어느 신경전달물질보다도 뇌에 가장 많이 있을 뿐만 아니라 여러 가지 중요한 기능을 하는 흥분성 신경전달물질로서 글루타민산과 아스파라긴산이 있다.

이 두 아미노산은 뇌에 주입되면 접촉하는 거의 모든 신경세포를 강력히 흥분시킨다. 즉 적극적으로 신경세포의 활동을 증가시키는 것이다. 특히 글루타민산은 인간의 체내에 있는 약 20종류의 아미노산 중에서도 가장 많이 있는 아미노산이다.

글루타민산과 나트륨염의 화합물인 글루타민산소다는 사람의 혀로 느낄 수 있는 맛의 원소가 되어 조미료로도 많이 사용되고 있다. 그러면 왜 이렇게 널리 퍼져 있는 글루타민산이 신경전달물질로 사용되고 있는가 하면, 그것을 사용하는 유수신경의 성질을 알면 이해가 될 것이다.

앞에서 설명한 대로 유수신경의 최대 특징은 무수신경보다 훨씬 빠른 속도로 정보를 전달하는 데 있다. 유수신경의 신경 전류의 속도는 무수신경보다 백배나 빠르다. 컴퓨터의 예를 들 필요도 없이 고속, 대량의 정보전달에는 '아날로그'보다 '디지털'이 효능이 있는데 그것이 유수신경이다. 따라서 흥분성 글루타민산이 알맞은 물질로 선택된 것이다. 글루타민산은 학습과 기억을 원활히 이루어지게 하고, 오랫동안 기억을 보존하는 데도 중요한 역할을 한다.

GABA

시냅스에 글루타민산이 분비되면 뇌와 신경은 흥분되고 활동은 활발해지는데, 그러한 활동을 억제시키는 것이 GABA(γ-Amino Butyric Acid, 감마 아미노산)이다. 말하자면 글루타민산이 'on'의 활동을 하는 데 비해, GABA는 'off'의 역할을 한다. GABA는 변형된 아미노산이다.

5. 두 개의 대뇌

좌뇌와 우뇌의 발견

사람의 뇌는 보통 하나라고 알고 있다. 그래서 흔히 하나밖에 없는 뇌, 한 뇌에서 어떻게 두 가지 말을 할 수 있겠는가라고도 한다. 그러나 사실은 좌뇌와 우뇌 두 개로 나누어져 있다. 더군다나 이 두 개의 뇌는 그 활동이 서로 다르다는 것이 알려졌다.

물론 옛날부터 한쪽 뇌가 손상을 입으면 그 반대편 신체에 이상이 생긴다는 것을 알고 있었다. 따라서 뇌가 하나가 아니라 두 개라는 것을 인식하고 있었던 것도 사실이다. 그러나 두 개의 뇌가 각기 어떤 기능을 가졌으며, 무엇이 다른지를 알지 못했다.

아리스토텔레스보다 약간 후대의 사람으로 그리스인 헤로휘로스라는 의사는 당시로서는 매우 민주적인 학술연구기관인 무세이온 연구소에서 머리에 입은 손상 때문에 그 후유증으로 고생하는 몇 사람의 환자들을 진단하고 의사의 냉철한 눈으로 뇌를 주목했다.

그는 "대뇌는 전 신경계의 중심이고, 사고(思考) 기관으로서 필요한 역할을 하는 곳이다"라고 말했으나, 고대 학자들은 그것을 무시했다. 그와 그의 후계자인 가레노스의 연구가 유럽에서 새롭게 인정받게 된 것은 그로부터 2000년 후의 일이다.

1836년 프랑스의 말크 닥스는 발표하기를, 실어증(失語症)은 오른쪽 수족의 마비와 함께 발생하므로 실어증의 원인은 대뇌 좌반구의 손상 때문이라고 했다.

그로부터 25년 후 프랑스의 외과의사이며 해부학자인 폴 브로카도 이 사실을 발견하게 되었다. 그의 발견도 우연하게 이루어졌다. 당시 그에게 온 두 환자가 있었는데, 51세의 환자는 병원에 오기 10년 전부터 오른손과 오른발에 마비가 와 있었다.

또한 그는 그보다 21년 전부터 실어증에 걸려 있었다. 그는 모국어인 프랑스어 중에서 두 마디의 말, '탄'이라는 단일 음절과 '빌어먹을'이라는 단어뿐이었다. 그는 손짓으로 설명하지도 못했다. 그의 오른발에 피하염증이 있었으므로 그 염증 치료를 위해서 온 사람이다.

또 한 사람은 9년 전부터 실어증에 걸린 84세의 노인이다. 그도 역시 다섯 마디의 말만 했는데, 그것은 '예' '아니오' '언제나' '셋' '룰로'(자기 이름. 룰론을 틀리게 한 것)였다. 물론 글을 쓰지 못했다. 그러나 앞의 사람보다는 손짓으로 설명하려 했다.

그 후 두 사람이 죽자, 브로카는 이 두 사람을 해부하여 그들의 대뇌 좌반구의 똑같은 부분에 손상을 입고 있었던 것을 발견했다.

그 후 6명의 환자들에게서도 같은 증상을 발견하고 그 예증을 바탕으로 언어를 지배하는 것은 좌뇌라고 발표하자, 학계는 큰 충격을 받았다. 그 뒤로 대뇌 기능에 대해 관심이 커지면서 기초의학과 임상의학의 양쪽에서 차례로 관찰 연구가 행해지면서 그의 주장이 옳다는 것이 입증되었다. 그래서 환자들의 대뇌 손상 부위를 운동성 언어영역이라고 했고, 브로카 언어영역이라고도 한다.

또한 독일의 신경학자이며 신경정신과 의사인 칼 베르니케는 대뇌 좌반구에 손상을 입어 자기가 들은 말을 언어로 인식하는 능력을 상실하고 스스로 말하는 것도 단어를 되풀이하는 것도 물건의 이름도 쓸 수 없는 환자를 만났다. 그는 그 부위가 언어 인지의 중추가 된다는 것을 발견하고 그곳을 감각성 언어영역이라고 발표했다. 학자들은 그곳을 베르니케 언어영역이라고도 한다.

그 후 연구는 진전되어 대뇌 좌반구, 즉 좌뇌는 언어와 관련이 있는 모든 기능—읽고 쓰고 계산하고 단어를 기억하고 생각하는 것도 지배한다는 것이 점차로 밝혀졌다.

반대쪽을 지배하는 두 뇌

대칭이라는 말은 조화가 잘된 관계를 일컬을 때 잘 쓰는 말이다. 영어로 'Symmetry'라고 하는데, 옛날부터 아름다운 감각을 표시할 때 많이 사용했다. 특히 종교적인 건축물 중에는 이렇게 대칭적으로 건조한 것들이 많다.

그런데 우리 인간을 보면 얼굴이 바로 그렇다. 둥근 얼굴에 양쪽으로 눈이 하나씩 있고, 귀가 하나씩 있고, 콧구멍이 둘이고, 팔·손이 같고, 다리·발이 그렇다. 물론 몸 전체가 대칭은 아니다. 그것은 간장이나 심장같이 하나씩 있는 것도 있기 때문이다. 이런 대칭에 관한 말을 쓰는 까닭은 인간의 뇌가 두 개, 즉 좌측과 우측에 하나씩 있다는 것을 말하기 위해서이다.

겉 모양이 둥근 우리의 두뇌는 외견상으로는 대칭이라기보다 단지 하나로 되어 있는 뇌로만 보여지는 것이 사실이다. 그러나 분명히 두 개이다. 뇌는 둥글게 생겼다. 공과 같다고 해서 문자로 표시할 때는 구(球)라고 쓴다. 사람의 뇌가 좌우로 나누어져 있기 때문에 좌반구와 우반구라고 하는 까닭이 그것이다.

물론 뇌가 둘로 나누어졌다고 하지만 그것은 대뇌를 두고 하는 말이다. 그러니까 반구라고 할 때 대뇌의 좌·우반구를 뜻하는 말이다. 학자들이 대뇌의 연구를 하면서 제일 먼저 부닥친 문제는 한쪽 반구와 반대쪽 신체와의 관계였다. 그것은 왜 그런지 왼쪽 대뇌 반구는 오른쪽 수족과 근육의 활동을 지배하고, 오른쪽 반구는 왼쪽 수족과 근육을 통제하고 있다는 사실 때문이다.

그러니까 명령권자인 대뇌는 그 명령을 언제나 신체의

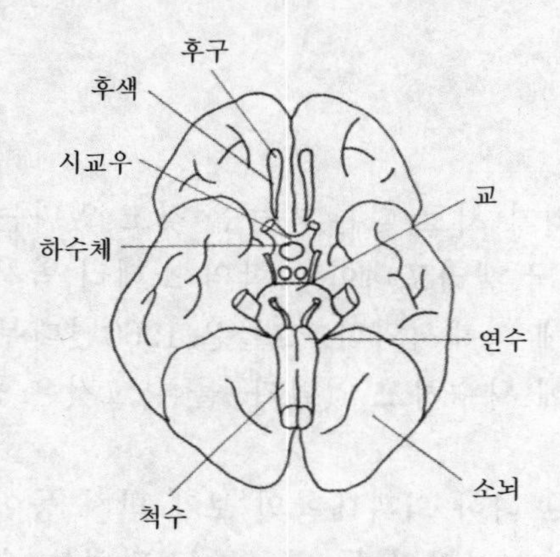

그림 27 · 밑에서 본 좌뇌와 우뇌

반대쪽에 내리고 있고 또 주장하고 있었던 것이다. 이 놀라운 역설적인 구조에 대해 연구자들은 매우 놀라고 또한 당황했다.

좌우의 대뇌 반구 사이의 이 같은 이상스러운 임무의 분담은 사람이나 동물에게 어떤 유익한 점이 있는지 아직까지도 알려지고 있지 않다.

눈, 귀, 피부, 근육, 그 밖의 감각기관으로부터 보내 오는 신경섬유에서도 역시 같은 일이 일어난다. 뇌를 향해 들어오는 신경섬유의 일부는 반대쪽 대뇌 반구에 들어간다. 이렇게 전체의 50%는 반대쪽 대뇌 반구로 이동한다. 그런데 흥미 있는 것은 대뇌 반구가 신체의 반대쪽을 주관하고 있는데 반해 신체의 양쪽으로부터 같은 분량의 정보를 받고 있다는 사실이다. 그런데 꼭 하나의 예외가 있다. 콧구멍만은 반대쪽 뇌의 지배를 받지 않고 같은 쪽 뇌의 지배를 받고 있다.

분리된 뇌

좌뇌와 우뇌가 서로 다른 기능을 갖고 있다는 것을 실증한 사람은 미국 캘리포니아 대학의 스페리 박사와 여러 명의 연구진들에 의해서였다. 그들은 1960년대부터 뇌를 분리하는 실험에 착수하고 있었다. 물론 그것은 동물의 뇌를 통해서였다.

그 후 캘리포니아 의과대학의 보겐 박사 등이 간질 환자의 치료를 의해 사람의 두 반구를 절단하는 수술을 했다. 두 뇌를 연결하고 있는 뇌신경세포의 다발인 뇌량의 절단이었는데, 그 수술로 간질 환자의 병세가 호전되었고 성공적이었다. 그들은 그 분리뇌 환자에 대해 여러 가지 실험을 함으로써 참으로 많은 것들을 알게 되었다. 그로 인해 그는 1981년에 노벨 의학·생리학상을 받았다. 그는 이렇게 말했다.

"우반구와 좌반구는 분리뇌 수술을 받자 많은 정신 활동이 독립적으로 작동하기에 이르렀다. 각기의 반구는 그 자신의 독립된 감각, 지각, 사고를 가지고 있으며, 또 다른 쪽 반구에서의 경험과는 단절되어 있었다. 즉 각 반구는 별도의 마음을 가지고 있었던 것이다."

결국 그들은 분리된 각 반구가 고유의 사고 형태와 능력을 갖고 있다는 것을 알았고, 그보다 더욱 놀라운 발견은 두 반구는 기본적으로 전혀 다른 방법으로 생각하고 있다는 점이었다. 하나의 둥근 뇌의 반쪽은 각각의 마음을 가지고 독립적으로 활동하고 있었던 것이다. 물론 좌우의 뇌를 연결한 신경이 절단되었을 때의 이야기이다.

인간의 뇌 속에서 하나의 반구가 연락이 두절됨으로써 상대 반구의 일을 알 수가 없었는데, 분리 수술을 받은 한 환자의 이야기를 들어보자. 그는 매일 아침 일어나는 시간이 정해져 있었으므로 언제나 그 시간이 되면 눈이 떠진다. 그런데 어느 날은 눈이 떠지지 않았다. 그러자 왼손이 움직여 오른쪽 뺨을 후려친다. 그 환자는 깨어나면서 눈을 떴다. 그러나 왜 왼손이 움직여 자신의 뺨을 때렸는지 알 수 없었다. 물론 몰랐던 것은 좌뇌의 생각이다. 그리고 때린 쪽은 왼손(우뇌)이 한 것이다.

그 환자는 깨어날 시간에 예정대로 우뇌는 깨어났으나 그때까지도 좌뇌는 잠을 자고 있었던 것이다. 그러면 깨어나라고 말로 하지 왜 때렸을까? 그 까닭은 우뇌는 말을 못하는 뇌이기 때문이다. 그래서 일어나라는 말 대신 손이 움직였던 것이다.

이러한 현상은 무엇을 뜻하는 것일까? 우리의 뇌는 하나 같으면서도 사실은 완전히 두 개였으며, 그 둘이 하나처럼 지금까지 활동하고 있었다는 것을 말해 주는 것이다. 이전 같으면 좌뇌가 깨어나지 않고 잠을 자고 싶어해도 예정된 시간이니까 일어나자고 우뇌가 생각했으면 뇌량을 통해서 깨웠을 것인데, 뇌량이 절단되었으므로 뇌 사이의 연락을 할 수 없었기 때문에 우뇌의 지배하에 있는 왼손이 움직였던 것이다.

이렇게 두 뇌의 단절은 완전히 의사 소통이 불가능해진 것이다. 그런데 이렇게 왼손을 움직여 의사를 전달하는 것은 극히 작은 범위에서 그래도 다행스러운 일이나 문제는 결코 간단하지 않았다. 그들의 실험을 좀더 알아보자.

분리뇌 환자 앞에 가리개 같은 것으로 앞을 막고 가리개 뒤를 볼 수 없게 한 다음 그곳에 숨겨 둔 몇 가지 물건들 중의 하나를 왼손으로 만지게 했다. 그리고 나서 조금 전에 왼손으로 "무엇을 만졌느냐?"고 물었다. 그랬더니 그는 "모르겠다"고 대답했다. 다음에 가리개를 치우고 먼젓번에 왼손으로 만졌던 물건을 그 물건들 속에서 찾아내게 했다. 그러자 그는 즉시 그가 좀전에 만졌던 물건을 골라냈다. 그래서 "어떻게 찾아냈느냐?"고 묻자, "그냥 맞혔다" 라든가 "무의식적으로 맞혔다"고 대답했다.

그러나 사실은 그의 왼손의 지배자인 우뇌는 알고 있었던 것이다. 그렇기 때문에 당장 찾아냈지만, 뇌가 단절되어 있었기 때문에 그 사실을 좌뇌에 알릴 수 없었고, 연락을 못 받은 좌뇌(말을 하는 뇌)는 아무것도 모르기 때문에 모른다고 말한 것이다. 이 얼마나 큰 혼돈이 일어났는가?

위와 똑같은 실험으로 분리뇌 환자에게 눈을 가리게 하고 오른손으로 동전을 만지게 했다. 그리고 무엇이냐고 묻자, 즉시 '동전'이라고 대답했다. 또한 이번에는 왼손에 같은 동전을 만지게 하고 무엇이냐고 묻자, 그는 대답을 하지 못했다. 물론 우뇌는 알고 있었으나 말하는 좌뇌에 연락할 수가 없었기 때문이다. 만일 두 뇌가 분리되지 않았다면 우뇌는 즉시 좌뇌에 알렸을 것이고, 좌뇌는 그 사실을 즉시 언어중추를 통해 말로 대답했을 것이다.

우리는 이 실험을 통해 좌뇌와 우뇌의 다른 점 하나를 발견했다. 말을 할 수 있는 뇌(좌뇌)와 말을 못하는 뇌(우뇌)와의 존재를 확실히 알았다. 그런데 좌뇌와 우뇌의 그것 뿐만 아니라 그 밖에도 너무나 많은 차이가 있었다. 당장 눈에 띄는 차이점 하나를 다시 찾아보자. 이것도 역시 실험을 통해 나타난 것인데, 실험자가 같은 그림의 견본을 보여주고 그것과 똑같게 왼손, 오른손으로 그리게 했다. 환자들이 그린 그림이 바로 아래 그림이다.

여러분은 그 그림을 잘 살펴보기 바란다. 왼손으로 그린 것은 견본의 모습과 매우 비슷하게 그렸다. 아마도 오른손잡이였으리라 생각되며, 윤곽이나 입방체의 모양들이 서툴지만 잘 나타나 있다. 그러니까 그림과 같이 공간적 개념이

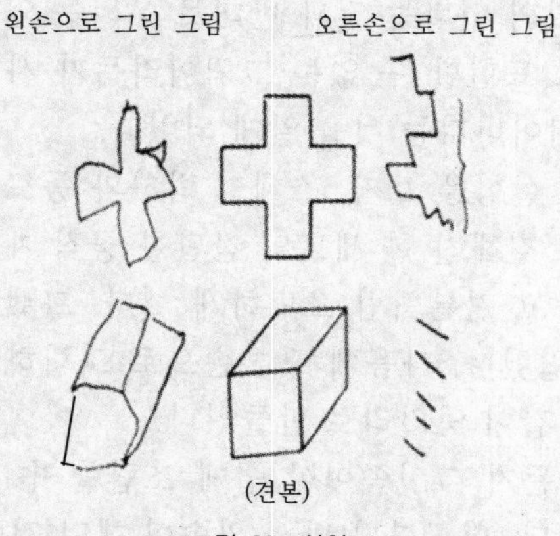

그림 28 · 실험 1

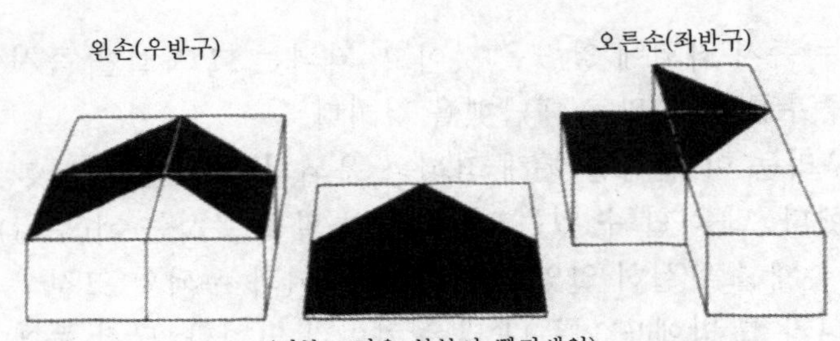

(견본 ; 검은 부분이 빨간색임)

그림 29·실험 2

나 그림을 그리는 것은 우뇌가 잘해내는 능력이 있다는 것을 나타낸 것이다.

그러나 오른손(좌뇌)은 이같이 그림을 그리는 솜씨와 개념 같은 것에는 능력이 없었다. 그래서 도대체 무엇을 나타내고 있는지 분간할 수 없는 아기들의 그림 같은 것을 그렸을 뿐이다.

여기서 우리는 좌뇌는 언어적 능력은 있으나 공간 인지 능력 등은 거의 없다는 것과 반대로 우뇌는 언어적 능력은 없으나 말로 표현할 수 없는 그림이라든가 사물을 관찰하는 능력은 뛰어나다는 것을 알게 되었다.

또 하나의 실험을 보자. 스페리 박사와 동료들이 빨간색과 흰색으로 칠해진 한 세트의 간단한 공작 재료를 분리뇌 환자에게 주고 견본처럼 조립하게 했다. 그랬더니 왼손으로는 잘 조립했다. 다음에 오른손으로 조립하라고 했더니 그림에서와 같이 엉터리로 만들었다.

아마 누구든지 그것쯤이야 쉽게 조립할 수 있을 것이라 생각할 것이다. 더군다나 방금 왼손이 했던 것이니까. 그런데 이 환자는 그렇게 하지 못했다. 아주 단순한 모양인데도 엉터리로 조립하고 만 것이다. 그때 그것을 본 우뇌(왼손)가 깜짝 놀라면서 살짝 오른손이 하는 것을 고쳐 주려다가 실험자의 제재를 받았다. (좌뇌와 우뇌의 차이에 대해서는 상세하게 다음 장에서 밝힌다.)

그런데 우리의 상식으로는 전혀 그렇지 않을 것으로 여겨지는 두 눈의 차이도 있다는 것을 알아보기로 하자. 결론적으로 두 눈의 시력도 차이가 있다. 그 까닭은 바로 좌뇌와 우뇌의 기능 차이에서 오는 것이다.

한 사람이 스크린을 보고 있다. 그 스크린에는 오른쪽 또는 왼쪽에 순간적으로 글자가 투영되었는데, 오른쪽 글자가 왼쪽에 나타난 문자보다도 두 배나 정확하게 읽혀진다는 것이다. 왜 이러한 결과가 나타나는가? 그 까닭은 오른쪽에 투영된 문자를 읽는 오른쪽 눈이 문자에 강한 좌뇌의 지배하에 있기 때문이다.

그러나 문자 대신 사람의 얼굴을 투영했을 때는 그 결과가 반대로 나타났다. 즉 왼쪽에 비쳐진 사람의 얼굴 쪽이 거의 두 배나 정확하게 식별된다고 했다. 그것 역시 얼굴과 같이 비언어적 물체를 잘 볼 수 있는 우뇌의 지배하에 있는 왼쪽 눈에 비쳤기 때문이다.

이렇게 인간의 두 눈은 그 상관인 좌뇌(오른쪽 눈)와 우뇌(왼쪽 눈) 기능의 영향을 직접 받고 있는 것이다. 그래서 공군에서는 조종사들에게 적의 항공기를 식별하는 훈련을 시키면서 적기가 나타났을 때는 즉시 그 적기의 기종이라든가 그 밖의 여러 가지를 관찰하기 위해 조종사가 적기의 약간 오른쪽에 시선을 향하도록 훈련을 시킨다고 한다. 그래야만 왼쪽 눈(패턴 인식이 뛰어난 우뇌)으로 적기를 잘 식별, 관찰할 수 있기 때문이다.

이와 같은 사실은 귀의 경우도 같다. 음악이나 자연의 소리는 왼쪽(우뇌) 귀가 좋고, 언어는 오른쪽 귀(좌뇌)가 좋다고 한다. 그래서 사람의 말을 잘 듣기 위해서는 오른쪽 귀로 전화를 듣는 것이 유리하다.

분리뇌 환자의 일상생활과 지혜

생명이란 참으로 신기하다. 뇌를 분리해 버린다는 엄청난 수술을 받고서도 사람은 살고 있기 때문이다. 현실적으로 미국에서는 이런 종류의 수술이 종종 간질 환자의 치료를 위해 실시되고 있다.

의사들은 뇌의 분리 수술을 통해 뇌 안에서 자극하는 확산로를 차단하고 경련 발작을 한쪽 반구에 한정시킨다. 그로 인해 간질 발작 증세가 경감된다고 생각한 것이다. 그런데 수술의 효과는 매우 좋았다. 수술 결과 어찌된 일인지 경련 발작이 거의 없어졌고, 신체의 어느 한쪽에서만 일어나던 발작도 멎게 되었다.

심리학자들도 인간의 분리뇌라고 하는 독특한 현상을 간과하지 않았다. 비록 환자의 수는 적었지만 분리뇌 환자의 대부분에 대해서는 여러 가지 면에서 상세한 조사와 관찰을 게을리하지 않았다. 그런데 분리뇌 환자를 관찰한 의사나 연구자들은 이러한 뇌의 큰 개조가 환자의 개성에 그리 큰 영향을 주지 않았다는 데 매우 놀라고 있었다.

어려운 작업을 하는 일 외에는 환자들의 일상적인 행동이나 동작은 거의 정상 그것이었다. 그들의 행동이나 동작은 조화되어 있었고 걷는 방식도 보통이었다. 원래부터 수영이나 자전거를 탔던 사람은 수술 후에도 여전히 수영도 하고 자전거도 탔다.

분리뇌이지만 테니스, 배구 등의 스포츠도 했고, 또 그들이 원래 가지고 있던 기술도 저하되지 않았다. 성격이나 지능, 정서면에서도 눈에 띄게 커다란 변화는 없었다. 단지 수술 후 며칠 또는 몇 주일 동안 일부의 환자들에게 언어 장애, 기억 장애 등이 일어났으나 그것도 오래 안 가서 회복되었다. 아마도 그 언어 장애는 뇌 분리에 의한 것보다도 수술 후의 극히 일반적이고 일시적인 후유증이 아니었을까 생각된다. 수술 후 회복된 분리뇌 환자들은 사회나 직장의 복귀도 가능했다.

한편 분리뇌 환자에게는 두 뇌 사이에 연락이 두절됨으로써 많은 생활상의 어려움이 있기 마련이다. 그런데 그런 어려움과 불편함을 보충하는 매우 미묘한 방법을 그들은 찾게 되었고 또 발달시키고 있었던 것이다. 가령 아무 일도 하지 못하는 우뇌는 좌뇌가 입으로 잘못 대답했을 때 그것을 듣고 눈썹을 찌푸리며 부루퉁한 얼굴을 한다. 그러자 그것이 안면신경을 통해 좌뇌에 전해진다. 그때 좌뇌는 무엇인가 잘못된 것을 우뇌가 가르쳐 주고 있다는 것을 느끼고 다시 생각을 고쳐 시정하는 일도 있었다.

또한 환자가 컨닝을 하는 재미있는 예도 있다. 스크린의 오른쪽에 단어를 비추고 그 물건을 왼손으로 골라내라는 문제가 제기되었다. 그러자 환자는 자기가 보고 있던 물건의 이름을 큰 소리로 발언한다(좌뇌). 그래서 왼손의 지배자인 우뇌는 그것을 들음으로써 어렵지 않게 뽑아낸다. 실제로 분리뇌 환자는 이런 식으로 지혜를 모아 실생활에서의 장애를 이겨내고 있다.

때로는 두 뇌가 서로 의견이 맞지 않아 다투는 경우도 물론 있다. 스페리 박사에 의하면 환자가 옷을 입을 때 한 손은 지퍼를 올리려 하고 한 손은 내리려고 한다든가, 한 손은 끈을 매려고 하고 다른 손은 풀려고 한다든가 하는 일도 있었다고 한다. 이러한 현상은 좌뇌가 어떤 일이 일어나고 있는지를 파악하지 못하고 있는 반면, 우뇌로서는 그가 알고 있는 사항에 대해 반응하고 있었기 때문이다.

두 뇌를 분리하는 수술을 마치고 정신 상태가 호전되었다는 예는 많다. 어떤 환자는 수술 전의 지능지수가 92였는데 수술 후에 103으로 올랐다. 특기할 일은 두 반구의 연결이 끊어진 후에도 성적이 좋았다는 사실이다.

말하고 생각하는 수학의 전문가, 좌뇌

좌뇌의 특성 중에서 제일 큰 것은 아무래도 언어를 구사할 수 있다는 점일 것이다. 언어 능력이 인간으로 하여금 인간답게 살게 하는 데 큰 공헌을 한 사실을 아무도 부정할 수 없을 것이다. 거기에다 언어를 글로 표현한 것은 그야말로 세계의 역사를 바꾸는 엄청난 일을 하게 만들었다. 문자의 발명으로 한 사람이 갖고 있는 사고와 사상, 예술, 기술과 문화가 타인에게 전달되고 과학의 발달을 가져오게 만들었다. 이처럼 좌뇌는 말을 할 수 있을 뿐만 아니라 문자를 만들고 읽고 쓰기를 해냈다.

다음으로 좌뇌는 '생각하는 사람'이다. 우리가 추상적인 것을 생각하는 것도 상징적인 자극이나 언어를 처리할 수 있는 것도 좌뇌 때문이다. 좌뇌는 수학적인 재능을 나타낸다. 즉 계산 능력인데, 이것은 인간만이 갖는 순수한 사고 능력이다. 인간 이외에는 어떤 동물도 불가능하다. 그러므로 좌뇌의 어떤 부위에 손상이 오면 수학 능력이 저하되고, 좌뇌 전체가 활동이 정지된다면 그때 그의 수학 능력은 0이 된다. 그러므로 계산 능력의 저하 또는 상실은 장애로 일어나는 전형적인 증상의 하나이다.

좌뇌는 과학적이고 논리적이다. 따라서 지적인 능력이 있게 마련이다. 우리가 돌을 가지고 던질 때 거기에는 단지 직관만으로 가능하다. 돌팔매질의 명수들이 있다. 그러나 로케트를 달이나 다른 곳에 쏘아올릴 때 속도나 각도를 계산하는 데 직관적으로는 불가능하다. 거기에는 반드시 좌뇌의 분석적인 도움이 있어야 한다. 그런 점에서 우뇌가 갖고 있는 순수한 직관력이란 한계가 있게 마련이다.

좌뇌의 공헌은 매우 크다. 인류는 문자가 발명되기 이전에는 거의 직관적인 사고방식으로 살아왔다. 즉 우뇌적인 생활이다. 원시의 석기시대가 그것이다. 그러한 시대가 계속되고 있었으므로 직관적인 생활은 당연했다. 그러나 문자의 발명 후로는 눈부신 발전을 이루게 되었고, 급기야는 오늘에 이르게 되었다. 즉 우뇌의 감성적인 사고 시대가 끝나고 좌뇌의 지성적 사고가 대치되면서 수많은 문명의 이기가 발명되어 세계가 좁아지고, 인류의 발전이 급속도로 진전되었다.

현대의 교육, 산업, 첨단 기술 등은 논리적 사고방식인 좌뇌가 가져다 준 혜택이고, 우주 시대를 여는 계기를 마련했다. 물론 아직도 우뇌적인 사고방식으로 사는 민족들이 있는 것이 사실이다. 그러나 머지 않아 그곳에도 현대 교육과 함께 문화의 혜택을 누릴 때가 올 것이다.

오늘날 우리는 컴퓨터라고 하는 인공 지능 기계를 만들어 그야말로 고속 시대를 구가하고 있다. 이 모든 것들이 좌뇌의 개발로 인해 이루어진 것이다. 그러므로 우리는 좌뇌의 개발에 더욱 박차를 가해야겠다. 왜냐하면 개혁할 일이 아직 많고 해야 할 일이 너무 많기 때문이다.

예술·문화의 창조자, 우뇌

사람이 갖고 있는 사고방식을 표현할 수 있는 것은 왼쪽 뇌반구의 언어로만 가능했다. 그러나 언어로는 표현하지 못하지만 특유한 다른 사고 형태가 여러 가지 있다. 말로는 표현하지 못하지만 우리의 인격이나 능력 형성에 중요한 기여를 한 것이 우뇌의 능력이다.

우뇌도 자신의 동작을 제어하고, 문제를 해결하고, 사물을 기억하고, 감정을 품을 수 있기 때문에 이것만으로도 완전한 두뇌로서의 자격을 갖추고 있는 것이다. 그럼에도 불구하고 우리는 두뇌라고 하면 '언어체계를 사용해야만 사고가 가능한 존재'라는 생각을 갖고 있었다. 그러나 사실은 그렇지 않다. 엄연히 2개의 뇌가 복수의 신경 덩어리로 연결된 이중의 기관이 두뇌인 것이다.

우뇌 활동의 특징 중 하나는 직관이다. 그러면 직관이란 무엇인가? 유명한 운동선수에게 좋은 성적의 비결이 어디에 있느냐고 물으면, 대부분은 어떤 직감으로 했다거나 어떤 예측이 있었다고 한다. 물론 어떤 준비나 계획이 있겠지만 성공할 당시는 거의 무아지경 상태에서 해냈다고 한다. 즉 말로 표현할 수 없는 운동의 '감'이 그렇게 행동하게 했다는 것이다.

우리가 집을 지으려고 할 때 설계도를 만들고 건축업자에게 찾아가기 전에 경험 많은 청부업자를 만나서 상의할 경우가 있을 것이다. 설계도를 본 그는 건축 기간이나 예산 등을 말해 줄 것이다. 그것은 그가 설계도를 보고 계산기로 계산한 것이 아니라 단지 그의 경험상 갖고 있는 직감으로 말한 것뿐이다. 그런데 그것이 거의 들어맞는다.

두말할 것도 없이 미술, 음악, 무용 등의 분야에서는 창조성이 필요하다. 그런데 그런 작업에서 직관의 역할은 거의 절대적이라 할 정도로 필요하다고 한다. 어떤 '영감'이 떠올라야 한다고 말하는 예술가들을 많이 볼 수 있다.

'센스'라는 말도 많이 쓰는데, 그 말도 역시 예술가나 운동선수들을 향해 사용될 때가 많다. "그 사람, 운동 센스가 있는데!" "음악에 천성적인 센스가 있어!" 등 듣기 나름으로는 그 말 속에 어떤 신비스런 것이 있다는 말 같으나, 사실은 오직 우뇌가 갖고 있는 감각적인 사고 능력이 우수하다는 것뿐이다.

운동선수나 예술가들 중에는 말을 능숙하게 하지 못하는 사람도 있다. 그러나 이들의 활동에는 지장이 없다. 왜냐하면 이들의 직업이 비언어적인 직업이기 때문이다. 음악가는 청각적인 이미지가 우수한 사람들이다. 어떤 작곡가는 악보를 쓰기 전에 이미 머리 속에서는 그 음악이 들려오고 있다고 말한다. 그런데 그런 일은 흔한 이야기이다.

또한 어떤 분야에서 성공한 사람들 중에는 우연한 직관에 의해 성공했다고 말한다. 아이러니칼하게도 학교 교육에서 경시당하고 있는 직관력이라는 것이 모든 분야에서 창조적 사고로 쓰여지고 있는 것도 사실이다. 과학, 수학 분야에서도 그런 실례를 많이 볼 수 있고, 또 많은 경영자들이 중대한 문제에 직면했을 때 직감적인 결단으로 처리하는 일이 종종 있다. 아마도 그것이 그들로 하여금 기업가가 되게 했을지도 모른다.

천부적인 영업 센스로 톱 세일즈맨이 되기도 하고, 훌륭한 요리사, 기술자, 변호사, 교사 등 모든 직업에도 그것은 적용될 수 있다. 그런데 '천부적 감각'이나 '직관'이라고 불려지는 것은 언어로 표현할 수 없다는 것뿐이지 그것 자체가 바로 능력이라는 사실을 잊지 말아야 하겠다.

옛날의 훌륭한 도자기공이나 창극의 대가들도 그들은 글이나 말로 자신들의 기능을 표현할 수 없어 많은 후진들에게 전수하지 못한 것뿐이지 그들의 기능이 부족해서가 아니다. 또 그런 기능은 말이나 글로 나타내기가 매우 어렵다는 데도 그 이유가 있다.

또한 우뇌는 직감적이다. 감각적이란 말을 현대어로 '이미지'라고 한다. 어떤 사물을 파악할 때 꼼꼼히 따지거나 계산하지 않고 한눈에 주워 담는다. 한 사람을 관찰할 때도 흘깃 보기만 한다. 그러나 '흘깃' 보는 것은 보통 눈이 아니다.

왜 그런가 하면 흘깃 본 것 같지만 그때 우뇌는 그 모습의 인상을 전체적으로 뇌에 꽉 담아 넣었던 것이다. 사진으로 말하면 촬영했다는 것과 같다. 그것을 '패턴 인식'이라고 하는데, 갓난아기들의 눈이 바로 그것을 잘 보여준다. 아무것도 모르는 것 같은 갓난아기가 엄마의 얼굴을 알아내는 것이 바로 이 능력이다.

좌뇌 인간

한 사람의 우뇌 기능이 완전히 정지되어 전혀 우뇌가 하는 능력이 배제된 상태의 인간을 좌뇌 인간이라 부른다. 매우 드문 일이지만 있을 수 있는 일이다. 옛날 의사들은 우뇌를 대수롭지 않게 생각했다. 우뇌가 약간 고장이 나도 말하는 데 전혀 관계가 없고 활동하는 데도 별영향을 미치지 않는다는 생각인데 크게 잘못된 생각이었다.

우선 좌뇌가 우뇌의 도움을 받고 있는지를 알아보자. 언어의 경우부터 따져보면 말에는 소리(음성)가 있게 마련이다. 그런데 그 음성에는 높고 낮음이 있고, 어떤 감정이 담겨 비로소 말의 뜻이 나타난다. 말의 내용이 즐거운 것인지 간청을 하는 것인지 그 사람의 목소리는 그것을 잘 나타낸다. 그러니까 말에는 소리의 억양과 감정의 색깔이 알맞게 표현되어 비로소 하나의 언어가 되는 것이다. 그래야 듣는 사람이 이해할 수 있다.

말의 억양이나 감정의 표현은 모두 우뇌의 활동으로써만 가능하다. 그러니까 우뇌가 돕지 않는다면 사람이 말을 하되 듣는 사람은 그 말의 뜻을 알기가 매우 어렵게 된다. 노래의 경우를 생각해 보자. 노래는 글로 쓰여진 가사에 음을 붙여 소리내어 부르는 것이다. 그런데 그 노래, 즉 음악을 할 수 있는 것도 우뇌만이 가능하다. 즉 좌뇌는 소리를 내어 말을 할 수는 있지만 곡을 붙여 노래를 부르지 못하기 때문이다.

물론 노래뿐 아니라 음악의 모든 것이 다 그렇다. 그러므로 우뇌 활동이 없다면 이 세상에 음악은 없어지고 만다. 우뇌의 도움 없이 노래를 부른다면 그것은 글을 읽는 것과 같은 것이다. 또 글을 읽는 것도 전혀 감정도 억양도 없는 것이 된다. 말의 표정이 없고 감정도 없는 말만의 세계, 음악도 노래도 없는 세상을 생각해 보자. 참으로 오늘의 우리가 상상할 수 없는 세상이 될 것이다. 우뇌의 협력이 없는 세계가 바로 그렇다.

우뇌에 손상을 입은 사람이 어떤 사람과 말을 나누는 경우를 보면, 그의 말을 듣는 사람은 정신을 차리고 듣지 않으면 안 된다. 왜냐하면 그 목소리만으로는 질문인지 탄식인지, 아니 자기에게 말을 걸고 있는지조차 모를 음성이기 때문이다.

한마디로 우뇌가 정지되면 소리의 세계가 희미해진다. 즉 무감동, 무관심이 된다. 왜냐하면 외부에서 지저귀는 새소리, 바람 소리, 옆집에서 웃어대는 아이들의 웃음소리나 노랫소리도 다 단조로운 소리, 잡소리에 불과하기 때문이다.

라디오의 방송도 별로 재미가 없을 것이다. 말소리는 다 듣기 때문에 스토리를 이해할 수는 있다. 그러나 주인공의 비명 소리, 추격해 오는 사람의 구두 발자국 소리, 총소리, 구급차의 사이렌 소리 등 모든 효과음이 그에게는 아무 뜻도 없는 잡소리일 뿐이다.

또 이런 경우도 있다. 우뇌를 손상받은 사람은 자기의 왼쪽에 펼쳐진 넓은 공간을 인식하지 못한다는 사실이다. 그러니까 왼쪽에 있는 공간 인식이 모두 지워져 버린 것이다. 방안의 사람이 몇인지 모르고, 왼쪽에 있는 사람을 인식하지 못할뿐더러, 몇이냐고 물으면 모른다고 대답한다. 책을 찾을 때도 왼쪽의 것을 끄집어내지 못한다. 그에게는 왼쪽에 있는 세계와 자기 신체의 왼쪽 부분은 무의 세계가 된 것이다.

좌뇌 인간은 매우 잘 지껄이지만 결코 좋은 말 상대는 아니다. 이들의 목소리는 불분명하고, 쉰 목소리에다 콧소리나 그 밖의 잡소리가 들어 있으며, 고함지르는 듯한 목소리도 되어 보통 회화의 리듬이 없다. 악센트나 감정도 부정확하여 도대체 무슨 말을 하는지 분간하기 힘들다. 결국 좌뇌는 모노로그 작가인 셈이다.

우뇌 인간

실어증이라는 병이 있다. 옛날 의사들에게는 이 병이 큰 수수께끼였다. 사람에게서 '말을 한다'는 가장 인간적인 특성을 빼앗아버리는 이 병에 대해 그 병리 구조를 알 수 없었기 때문이다. 물론 오늘날에는 좌뇌의 고장이라는 것을 알게 되었으나 수십년 전만 해도 모르고 있었다.

좌뇌에 변고가 있는 사람의 언어, 청각 테스트를 하여 우선 깨닫게 되는 것은 사람의 언어음, 즉 말소리에 대한 관심이 현저하게 없어져 있었다는 점이다. 그래서 보통보다 큰 소리를 내야 한다. 겨우 듣게 되었다고 생각하자마자 그것도 얼마 지나면 이쪽에서 하는 말을 들으려고 하지 않는다. 환자에게 무엇인가를 지시하려면 몇 번이나 되풀이하지 않으면 안 된다.

그러면 듣기는 들으면서도 왜 그와 같은 태도를 취하는가? 그 이유는 단어를 듣지만 분간하지 못하고 이해하지 못하기 때문이다. 그러니까 귀로 들은 말의 소리를 이해할 수 없으니 당연히 소리를 합성할 수 없다. 필요한 소리를 골라내 그것을 연결시켜 단어나 문장을 만들 수가 없는 것이다. 즉 좌뇌의 변고 중에서 뇌의 청각중추에 고장이 생기면 언어 장애가 따르기 마련이다. 이것이 더 중증이 되면 아예 말을 못한다.

요컨대 청각언어중추에 손상이 오면 음소(音素)의 청취불능이 된다. 이런 환자는 소리의 흐름을 분석하지 못하므로 타인의 말하는 뜻을 모른다. 물론 글을 받아쓸 수도 없다. 좌뇌에 전기 쇼크를 주어 기능을 정지시키면 단어의 기억력이 없어진다. 몇 개의 단어를 읽어서 들려주면 겨우 두세 개를 인식하는데, 그것도 한 시간이나 한 시간 반이면 모조리 잊어버린다.

그러나 시각적인 기억은 예민해진다. 말로 표현할 수 없는 복잡한 도형을 간단하게 기억한다. 다음날에도 많은 도형 속에서 전에 본 도형을 골라낸다. 좌뇌의 기능 장애는 언어의 기억을 극단적으로 억제한다. 지금까지 오랜 기간 축적된 모든 지식이 없어져 버린다. 전문가로서의 모든 지식이 사라져 버리는 것이다.

한편 말 이외의 소리 세계는 우뇌의 분담이다. 전화벨 소리를 비롯하여 모든 소리를 듣는다. 음악도 즐길 수 있다. 즉 좌뇌가 활동을 정지해도 음악적 기능은 조금도 저하되지 않는다. 또한 형체에 관한 기억도 우뇌의 분담이다. 그림 등에 관해서는 전문가이다.

여기서 꼭 한 가지 알아두어야 할 것이 있는데, 서양인과 동양인의 언어 문자를 사용하는 뇌가 다르다는 점이다. 그것은 '말을 하는 뇌'에서 상세하게 언급되겠으나, 이미 설명한 대로 우뇌는 그림 등을 잘 이해한다는 것과 연관이 되는 부분이다. 우리 동양인은 한자를 사용하고 있는데, 이 한자는 상형문자이다. 즉 어떤 물체나 형상을 표현한 그림문자이다. 그래서 한자는 좌뇌가 아니라 우뇌가 처리하고 있다. 따라서 우뇌 인간은 한자를 계속 이해할 수 있다는 것이다.

좌뇌가 잠잠해지면 말과 문자가 없어지거나 희미해지고, 학문적인 모든 지식도 사라진다고 했는데, 그 결과로 오는 것은 무엇일까? 당연히 모든 문화가 사라질 것이다. 학문이니 예술이니 하는 모든 분야의 발전을 기대할 수 없게 된다. 전수하는 도구가 없어졌기 때문이다. 말하자면 우뇌 인간의 세계는 차차 문화의 찬란한 모습이 사라지고 단지 단순한 세계가 펼쳐질 것이다.

좌뇌와 우뇌는 최상의 협력자

지금까지 이야기한 대로 우리의 머리에는 독립하여 독자적인 전문 기능을 다하고 있는 두 개의 뇌가 있지만, 이들은 아무런 관계도 없이 활동하고 있는 것이 결코 아니다.

분리뇌 환자의 관찰을 하면서 뜻밖의 일을 발견하게 되었는데, 그것은 분리뇌 수술을 받은 후에도 어떤 어려운 문제에 직면하면 두 뇌가 서로 협력하기 위해 노력하고 있었다는 사실이다.

사실 좌뇌와 우뇌는 어떤 경우에도 우선 자기 자신이 해야 할 본래의 기능을 발휘하고 그 다음에는 상대와 협력했다. 한편 사람의 대뇌는 보통 보기에는 좌와 우가 연결되어 하나의 뇌처럼 보이지만, 실제로는 몇 개의 기능 블록으로 나누어져 있다.

우리가 직면하게 되는 모든 문제들을 잘 해결하기 위해서는 각종의 정보를 수집하고 분석, 보관하여 이들 블록이 순조롭게 활동하지 않으면 안 된다. 좌뇌와 우뇌 각기의 활동에 대해서는 이미 설명한 바 있으므로 여기서는 잘 연결된 좌뇌와 우뇌가 어떤 모양으로 협력하고 있는지 알아보기로 하자.

대뇌의 중요하고도 인간적인 기능은 역시 언어 활동이다. 말이 중요하다는 것은 통신의 수단일 뿐만 아니라 인간만이 갖는 정보 처리법이고, 그것을 통해 다른 동물들보다 우월해졌으며, 또한 사회적인 존재가 되었기 때문이다. 이미 보아온 대로 언어의 소리를 분석, 합성하고 언어음을 사용하여 단어나 문장을 만든다든가 하는 일은 전적으로 좌뇌의 분담이다.

좌뇌는 문법상의 규칙이나 지식을 이용하여 말을 분석하고 합성한다. 즉 좌뇌는 추상적, 논리적 사고를 위한 기구이고, 이 기구 내에는 우리가 사물을 생각할 때 사용하는 논리 프로그램이 보관되어 있다. 그러나 인간이 생각하기 위해서는 좌뇌에 있는 논리 프로그램과 기호화된 정보만으로는 불충분하다. 언어의 뜻이 구체적인 형상으로 보관되어 있는 우뇌의 참여 없이는 사고적인 활동이 결코 성립될 수가 없다.

여기서 우뇌가 갖고 있는 구체적인 형상이라는 말은 이미 언급한 대로 언어라는 것은 단순한 심벌(부호)이 아니라 그것이 효력을 발휘하기 위해서는 확실한 말로서의 기능을 모두 발휘해야 되는 것이다. 즉 듣는 사람이 뜻을 알 수 있도록 언어의 억양, 감정, 색깔이 있어야 된다. 그런데 그런 능력은 우뇌에만 있으므로 우뇌의 도움 없이는 언어의 구실을 다할 수 없다는 뜻이다.

그러니까 사람이 무엇인가를 생각하려고 할 때 좌뇌 혼자서는 불가능하고 반드시 우뇌도 참여해야 된다는 이유가 여기에 있는 것이다. 그렇기 때문에 우뇌도 사실은 언어 기능을 훌륭하게 해내고 있는 것이다. 물론 그 기능이 좌뇌의 것과는 다른 종류이지만 좌뇌의 언어 기능을 완전한 것이 되도록 보강하고 있는 셈이다.

말은 억양, 감정, 또 때로는 제스처 같은 것이 있어야 상대가 쉽고 완전하게 알아들을 수 있지, 그렇지 않으면 듣는 사람이 혼란을 일으킬 뿐만 아니라 오해를 할 수도 있다. 그와 같은 이치로 이 두 개의 대뇌가 협조함으로써 비로소 완전한 인간이 된다는 평범한 진리를 알아야겠다.

많은 과학자들은 우뇌의 협조를 받아서 성공했다. 아인슈타인은 이런 말을 한 적이 있다. "내가 사고하는 데는 구상력(우뇌)이 이해력(좌뇌)보다 더 중요한 역할을 했다." 베토벤의 천재적인 소질은 창작 의욕(우뇌)에 불타면서도 찬물처럼 침착한 성격(좌뇌)에 있었다고 했다.

아무튼 인간은 좌뇌와 우뇌가 각기 그 기능을 발휘하고 있지만 동시에 빈틈없이 협력을 하고 있는 것이다. 분리뇌 환자 같은 특수한 사람을 제외하고는 모두가 조화 속에서 살고 있는 것이다. 그러나 우리가 또 한 가지 알아야 할 일은 이 두 개의 뇌가 각각 기능을 발휘하고 있지만 절대로 충돌하지 않는다는 사실이다.

만일 우리 뇌의 좌뇌와 우뇌가 각기 자기 멋대로 움직였다면 어떻게 되었을까? 참으로 무서운 사태가 일어났을 것이다. 그런데 사실은 이 두 뇌가 대립하지 않고 아주 멋지게 협조하여 활동한 결과 오늘의 훌륭한 인간의 모습이 성립되었고 찬란한 문화와 첨단 세계를 만들어낸 것이다. 어떻게 하여 이런 협조와 조화가 이루어졌을까?

그것은 참으로 오묘한 뇌만이 갖고 있는 완벽한 체제 때문이다. 즉 우리의 뇌는 좌뇌와 우뇌의 분쟁을 막기 위해 아주 기묘한 체제를 만들었는데, 그것은 '단독 책임 체제'이다. 말하자면 지휘 명령은 두 곳 어디에서나 내릴 수 있는 것이 아니라 반드시 한 곳에서만 내릴 수 있는 하나의 지휘 계통을 만들었다는 이야기이다. 그것을 알기 위해 뇌 기능의 분화를 알아볼 필요가 있다.

뇌의 기능 편중

인간의 뇌는 출생시에는 좌우의 뇌가 비슷한 내부의 조직 구조로 되어 있었다. 즉 좌뇌가 가지고 있는 기능을 우뇌도 가지고 있었던 것이다. 그러나 성장하면서 어떤 특수한 자극에 반응하는 힘이 한쪽은 강해지고 다른 한쪽은 약해지는 경향이 일어났다. 그러니까 한쪽이 강해지는 반면에 다른 한쪽은 위축되었다. 따라서 한쪽의 뇌가 그 기능을 담당하게 되고, 다른 한쪽은 그 기능을 행사하지 않게 되었다.

이것을 기능 편중(Lateralization)이라고 하는데, 물론 여기에는 선천적인 유전과 환경의 영향도 있다. 아무튼 한쪽이 발전하면 상대편은 위축되어 반응하거나 또는 전적으로 반응을 하지 않도록 조직이 발달되어 갔다. 그 결과 우뇌와 좌뇌는 각각 그 특색이 서로 다르게 나타났다.

언어영역도 원래는 양쪽이 동일했으나, 어느 시기에 이르러서부터 좌뇌의 언어영역은 말소리에 강하게 반응하도록 조직이 발달했고, 반대로 우뇌의 언어영역 조직은 위축 상태에 빠졌다. 그렇게 되자 좌뇌의 언어영역은 그로부터 모든 언어에 관한 사항을 거의 독점하게 되었고, 한편 우뇌는 기능이 거의 마비되어 언어에 관한 한 무능한 상태로 위축되고 말았다.

그러나 다섯 살이 되기 전에 좌뇌에 손상을 입고 언어영역이 파괴되어 말을 못하게 되면, 위축되었던 우뇌의 언어영역 조직이 말소리에 강하게 반응하도록 발달하기 시작하여 왕성한 언어영역으로서의 기능을 갖게 된다. 물론 이것은 다섯 살 이전의 경우이다. 이때가 지나면 아무리 힘을 써도 언어영역의 회복은 불가능하다.

이것으로 보아 5세경까지는 두 뇌가 모두 언어 능력을 완전히 발달시킬 수 있는 잠재 능력을 갖고 있었던 것이다. 결국 좌뇌가 음성 반응에 선천적으로 강했다는 특성 때문에 말을 하는 싸움에서 우뇌를 이겼다고 말할 수도 있다. 또한 언어라고 하는 것은 한꺼번에 진보되는 것이 아니라 하나하나 축적되는 것이 필요하므로 해를 거듭함에 따라 좌뇌의 유리함이 서서히 확대되어 간 것이다.

한편 반응은 우뇌에서도 일어난다. 언어영역을 빼앗긴 우뇌는 언어가 아닌 비언어적 능력, 공간적이고 시각적인 사고 능력의 면에서 우위를 차지하게 된다. 특히 놀라운 일은 언어에 대해서는 그렇게도 무능했던 우뇌이지만 언어 이외의 소리에는 전혀 약해지지 않았을 뿐 아니라 더욱 예민하게 들을 수 있는 능력을 갖게 되었다는 사실이다.

그것이 강화되다 보니 이미 언급한 대로 전화벨 소리, 개 짖는 소리 등 외부에서 일어나는 모든 소리에 민감해졌다. 음악의 재능도 그래서 우뇌의 독점 능력이 된 것이다. 이런 기능 편중은 10세경에 거의 완성된다고 한다.

물론 특수한 경우가 있다. 어떤 사람은 어렸을 때 한쪽 뇌를 적출하고 그대로 성인이 되었다. 그러므로 나머지 뇌에는 자연스럽게 언어적 사고와 비언어적 사고의 양쪽 능력이 발달했다. 따라서 기능 분화는 이루어질 필요가 없었던 것이다.

뇌조직은 어느 정도 유전적으로 정해지는 것이지만 환경도 역시 많은 영향을 끼친다. 어렸을 때 뇌수술을 받은 사람을 보면 알게 되는 일이지만, 손상에 의해 받은 결함이나 부족 부분을 충당하기 위해 놀랄 정도로 뇌의 재조직화가 진행된다는 것이다. 출생 후에 별로 마음에 두지 않았던 작은 뇌의 상처는 그것을 메우기 위해 발달된 독특한 구조가 뇌조직의 개별적인 차이의 원인이 되어 있다는 것도 충분히 생각할 수 있는 문제이다.

그러면 사람은 어느 시기부터 좌뇌와 우뇌의 편중이 나누어지는 것일까? 갓 태어난 아기의 뇌는 성인 뇌의 4분의 1 정도의 무게이지만, 2세 유아의 뇌는 이미 성인 뇌의 4분의 3 정도의 크기까지 이른다. 이때가 되면 아이들은 말을 배우기 시작한다. 1960년대까지는 언어의 습득과 함께 왼쪽의 언어 뇌가 활동하기 시작한다는 설이 유력했다.

그러나 현재까지의 연구에 의하면 출생 후 얼마 안 가서부터 우뇌와 좌뇌가 나누어지는 것으로 알려지고 있다. 기능 편중은 뇌 기능의 분화라고도 한다. 뇌기능 분화(편중)의 원칙이 좌우 두 뇌의 각자 행동을 막는 단독 책임제를 수립할 수 있게 한 것이다. 결국 뇌는 뇌 자체의 존재를 확립하고 그 존재의 목적에 부합하기 위한 모든 장치를 마련해 놓고 있었던 것이다.

남성과 여성의 뇌

남성의 뇌와 여성의 뇌에는 차이가 있는가 없는가? 물론 여러 가지로 차이가 있다. 우선 뇌의 무게가 다르다. 남성의 뇌 무게는 여성의 뇌 무게보다 약 100~120g 무겁다. 또한 몸의 구조상 크기, 근력, 공격성 등에 차이가 있다. 그리고 그 차이는 사춘기 이후에 뚜렷해지는 것이 대부분이다. 아마도 그것은 사춘기 이후에 충분히 활동하는 성호르몬 때문인 것 같다.

또 유아들의 놀이를 보아도 여자아이는 조용한 놀이인 소꿉장난을 좋아하고, 남자아이는 근육을 사용하는 거친 놀이를 좋아한다. 이 차이는 사춘기 성호르몬의 활동 때문이 아니라, 최근의 연구에 의하면 뇌의 활동 방식이 유아기 때부터 남녀의 차이에서 일어난다고 한다.

남성과 여성의 뇌 형태의 차이는 이미 태아 시절부터 존재한다. 오늘날에 와서 알게 된 일이지만 좌·우뇌의 대뇌 신피질을 연결하고 있는 뇌량의 수가 여성 쪽이 약 20% 가량 많다. 신경 수가 많다는 것은 좌·우뇌의 정보 교환이 활발하다는 것과 또한 좌·우뇌의 밸런스가 잘 맞는다는 것을 생각할 수 있다.

신피질의 활동으로도 남녀의 차이가 나타나는데, 본다든가 만진다든가 듣는 일을 통해 외부 세계를 이해하는 능력(공간 인지의 능력)은 남성 쪽이 우월하다. 언어를 이해하고 말을 하는 능력은 여성 쪽이 우수하다. 이러한 경향은 유

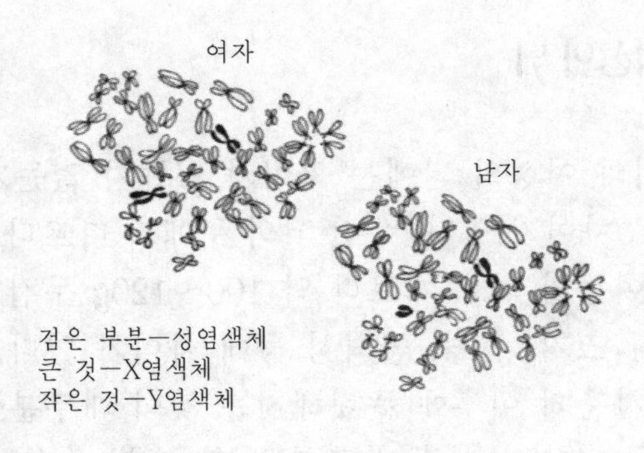

그림 30 · 사람의 염색체

아에게서도 보여지고 있다.

성을 결정하는 것은 유전자를 포함한 성염색체인데, X염색체가 두 개 있으면 여성(XX)이 되고 X염색체 하나와 Y염색체가 하나이면 남성(XY)이 된다. 이것은 난자가 수정될 때 결정된다. 그러나 남녀의 육체적인 차이와 정신적인 차이는 환경의 영향에 크게 좌우되기 때문에 생물학적 근거인지 아닌지를 명확하게 말하기는 힘들다.

남녀간의 뚜렷한 생물학적 차이의 하나는 성숙의 속도이다. 여성 태아의 발달은 수태 후 5개월째에 이미 남성 태아보다 2주간은 앞서 있다. 결국 출생 때는 여아가 남아보다 약 4주간이나 발달이 빠르다. 여아 쪽이 말하는 것도 걷는 것도 빠르고, 사춘기나 성장 속도도 2~3년 빠르다고 한다.

여성은 세심한 운동의 컨트롤이 우세하고, 남성은 동작이 민첩하고 또한 공격적이다. 우반구의 발달은 남성 쪽이 빠르다고 한다. 남성의 뇌는 대체적으로 한 방면의 전문가(Specialist)가 많고, 이에 비해 여성의 뇌는 다방면의 전문가(Generalist)가 많다고 말하는 학자도 있다.

그 외에도 많은 차이가 있다. 가령 뇌졸증으로 뇌의 좌반부가 마비되었을 경우 대개는 실어증이 일어나는데, 그때도 회복률은 여성이 높다. 여성의 뇌는 장애에도 강한 것 같다. 즉 생존에 적합하다는 말이다. 한편 시상하부에 있는 성욕중추의 중심이라고 말해지는 '성적이형질성(性的二形質性)의 핵'이라는 부위는 남성이 여성보다 배나 크다고 한다. 아무래도 남성의 성욕이 왕성하다는 것이 뇌의 구조에 나타나 있는 것 같다.

또한 여성은 남성보다 눈물이 많다고 한다. 눈물이 포함되어 있는 성분의 하나인 프로락틴의 값이 높다고 판명되었다. 이것은 뇌하수체로부터 분배되는 호르몬인데, 스트레스의 반응으로 분비되므로 사람은 눈물을 흘리며 울게 된다.

오른손잡이와 왼손잡이

인간의 뇌 기능은 양쪽이 똑같지 않다는 것을 과학자들은 옛날부터 알고 있었다. 또한 왼손잡이보다 오른손잡이가 압도적으로 많다는 것도 알고 있었다. 사실 대부분의 사람들은 오른손을 쓰고 있다. 보통 우리는 오른손으로 글을 쓰고 숟가락도 쥐고 칼도 쥔다. 바늘에 실도 오른손으로 꿰고, 가위나 망치, 칫솔 등을 사용하며, 특수한 기능을 필요로 하는 작업을 할 때도 오른손을 사용한다.

이렇게 오른손잡이가 대다수를 이루고 있는 것은 결코 어제 오늘의 일이 아니라 그것은 이미 석기시대부터였다. 3만년 전부터 원시인이 그린 동물 속의 그림 같은 데 나타나 있는 사냥꾼들을 보면 창이나 곤봉을 오른손에 쥐고 있다. 즉 이미 그 당시부터 우리의 조상은 대부분 오른손잡이였던 것이다.

고대 로마의 군인들이나 검투사들도 오른손에 검을, 왼손에 방패를 들고 있었다. 또 많은 사람들이 투석을 할 때 오른손으로 하고 있었던 것은 단순한 습관이나 버릇이 아니었던 게 분명하다.

오른손잡이가 아닌 사람도 물론 있다. 왼손으로 식사도 하고, 글도 쓰고, 왼손잡이 야구선수도 물론 있다. 3천년 전의 통계에 의하면 군인 천 명 중에 35～40명인 3.7%가 왼손잡이였다고 한다. 물론 양손잡이도 극소수이지만 있다. 두 손을 골고루 잘 사용하는 사람들이다. 그러나 이런 사람들은 두 손이 잘 발달했다기보다는 두 손이 똑같이 잘 발달하지 못한 경우가 많다.

그런데 1세～2세아의 두 손은 똑같은 수준이다. 그러므로 왼손 오른손의 어느쪽이 우위냐 하는 것은 단정할 수 없을 것 같다. 즉 오른손이 우위의 손처럼 여겨졌다면 그것은 순전히 생후의 육아법에 있었다고 보아야 할 것이다. 그러니까 부모가 오른손이 우위라는 관념을 가졌으면 그렇게 가르쳤을 것이고, 따라서 아이는 그런 교육을 받아야 했다.

옛 군인들은 싸울 때 오른손잡이가 창이나 칼로 적의 심장을 찌를 때 유리했고, 또 자기 심장을 지키기 위해 방패를 왼손으로 사용했다는 것도 이유가 된다. 여러 가지 추론이 있겠으나 그 어느 것도 확실하지 못하다. 지금 확실한 것은 유전적인 요소, 즉 부모가 왼손잡이일 경우 자식도 그렇게 되는 경우가 많고, 또한 교육 훈련의 결과도 많다는 점이다. 따라서 오른손잡이, 왼손잡이의 장단점을 가리는 것은 매우 어렵다는 것이 학자들의 평이다.

6. 감각적인 뇌

체성감각영역

동물은 움직이는 동물이므로 우선 외부의 환경 정보를 알아내어 거기에 대응해야 한다. 그러기 위해서 외부에서의 정보를 제일 먼저 포착하는 것이 눈, 귀, 코와 같은 감각기관이다. 그리고 그 정보를 뇌에 전달하는 것이 감각신경이다.

감각신경은 온몸에 배치되어 있는 오감, 즉 시각, 청각, 후각, 미각, 촉각으로부터 모든 감각을 받아들인다. 보통 우리는 눈으로 보고 귀로 들으며 혀로 맛본다고 한다. 그러나 실제로 느끼고 있는 것은 뇌이다. 또한 그러한 감각을 받아들이는 곳을 감각수용체라고 한다.

감각수용체는 아주 독특한 데가 있는데, 그것은 수용체가 자기에게 알맞는 자극이 아니면 절대로 감응을 하지 않는다는 특징이 있다.

그러니까 감각기관은 매우 자기 중심적이라 할 수 있다.

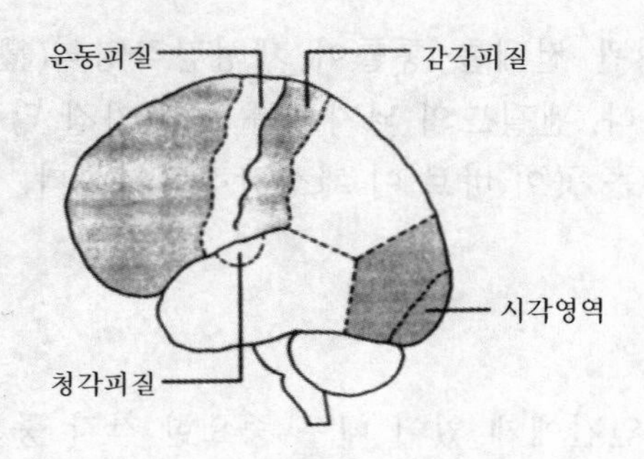

그림 31 · 감각적인 뇌

다른 기관들은 서로 연락을 취하고 있는 데 비해 감각기관은 각개약진, 즉 자기 멋대로 달리는 성질이 강하다는 것이다. 그래서 모두 개성이 있고 자기 주장이 강하다.

가령 여기에 냄새를 내는 물질이 있다고 하자. 그러나 그것은 눈에 있는 빛의 감각세포에서는 아무런 반응도 일어나지 않는다. 또 다른 예를 들면 빛은 귓속에 있는 청각세포에서는 어떤 반응도 일으킬 수가 없는 것이다. 이러한 자극을 수용체에 대한 적당자극이라고 한다. 적당자극의 종류에 따라 감각을 분류해 보면 다음과 같다.

기계적 자극 : 촉각, 압각, 청각, 평형, 장력 감각

화학적 자극 : 미각, 후각

전자파적 자극 : 온각, 냉각, 시각

그 밖에 통각이라는 것이 있다. 그런데 이 통각 수용체에는 다른 수용체와는 달리 적당자극이 없다. 그러니까 모든 자극을 받아들이지만 특별히 신체에 위급한 해를 끼칠 정도로 강력한 것일 때만 흥분하도록 구조가 되어 있다. 이러

한 감각기관 전체를 통틀어 체성감각영역(體性感覺領域)이라고 한다. 펜필드의 뇌지도를 보면 가장 많은 면적을 차지하고 있는 곳이 바로 이 체성감각영역이다.

청 각

청각은 인간에게 있어 매우 중요한 감각 중의 하나이다. 우리는 음성을 청취할 수 있고 언어를 해석함으로써 비로소 서로간의 소통이 이루어질 수 있기 때문이다. 또한 생존에 필요한 갖가지 정보, 예를 들면 다가오는 자동차 소리, 짖어대는 동물의 울음소리 등을 들을 수 있고, 가족들과의 의사 소통 등 그 필요성은 헤아릴 수 없이 많다.

아름다운 음악 소리, 지저귀는 새소리, 바람 소리 등 자연과 문화가 이루어놓은 갖가지 혜택을 누릴 수 있는 것은 이 청각 때문이다. 청각계도 시각계와 마찬가지로 들어온 여러 신호의 갖가지 성질을 식별한다.

그러나 시각계가 두 가지의 서로 다른 파장의 빛을 혼합시켜 색깔을 합성하는 것과는 달리, 청각계는 서로다른 소리를 혼합시키지는 못한다. 즉 오케스트라나 다른 연주를 들을 때 여러 가지 다른 멜로디의 흐름을 귀로 듣는 것뿐이다.

소리라고 하는 것은 공기의 진동이다. 성인의 귀는 20헬츠부터 16,000헬츠의 범위 안의 소리를 감지할 수 있다. 또한 박쥐나 고양이 같은 동물의 경우는 훨씬 더 높은 고주파

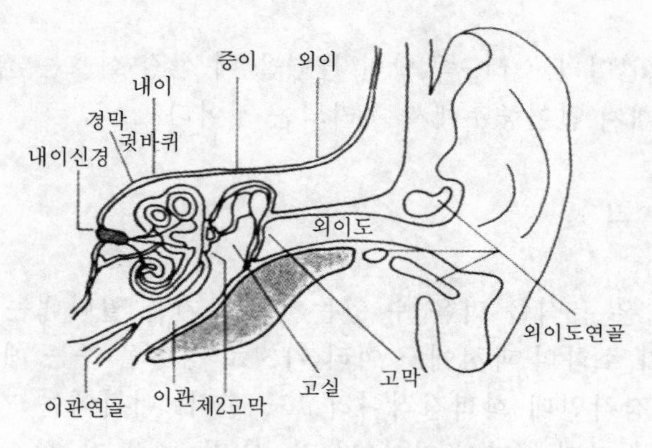

그림 32 · 귀의 구조

수의 소리, 즉 초음파를 검출해낼 수가 있다. 귀뚜라미의 우는 소리부터 로케트 엔진의 굉음에 이르기까지 인간의 귀로 처리되는 수천 수만의 소리는 모두 청각피질을 통해 들리고 진동되고 분석되고 합성된다.

그 과정을 보면 먼저 음파는 외이(外耳)를 통해 들어오고, 외이도(外耳道)를 통과하여 고막에 도달하면 여러 가지 속도로 고막을 진동시킨다. 그리고 고막에 부착되어 있는 뼈를 진동시키고는 마침내 내이(內耳)에 도달하게 된다.

내이에는 달팽이처럼 생겼다 하여 '달팽이관'이라고 하는 곳이 있는데 와우관(蝸牛管)라고도 한다. 내이에 도달한 음파는 외부의 내척수액을 진동시키고, 이어 기저막(基底膜)을 진동시키고는 그 위에서 소리의 분석과 합성되어 각기의 소리에 의미가 부여되며, 시상을 거쳐 음성 정보의 수신과 지각에 관여하는 대뇌피질에까지 도달하게 된다.

그러나 언어의 음성은 다른 소리와는 달리 처리되는 것

같다. 언어의 소리, 즉 말이 들렸을 때 신경 신호는 좌반구에 보내져 언어중추에서 처리되는 것이다.

미 각

미각은 음식을 먹을 수 있는지 없는지를 알아내는 일이라든가 소화의 과정에도 여러 가지로 영향을 주는 매우 중요한 감각인데 화학감각이라고도 한다. 미각에는 기본적으로 네 가지의 맛이 있다. 단 것, 신 것, 매운 것, 쓴 것으로 모든 음식의 맛은 이 네 가지로 이루어진다. 그런데 혀의 위치에 따라 맛이 달라지기도 한다. 가령 혀끝은 단맛, 혀의 깊은 속에는 쓴맛, 혀의 가장자리는 신맛, 짠맛은 혀의 가운데 부분을 제하고는 어디서나 같다.

그런데 최근(1997년 8월)에 밝혀진 바로는 이 네 가지 맛 외에 감칠 맛이 있다고 한다. 즉 MSG라고 하는 미각 수용체가 발견되었는데, 혀 전체에 골고루 분포되어 있다고 한다. 아무튼 맛이란 상부기관인 대뇌피질까지 전해지고 그곳의 미각중추에서 최종의 맛을 느끼는 것으로 되어 있다.

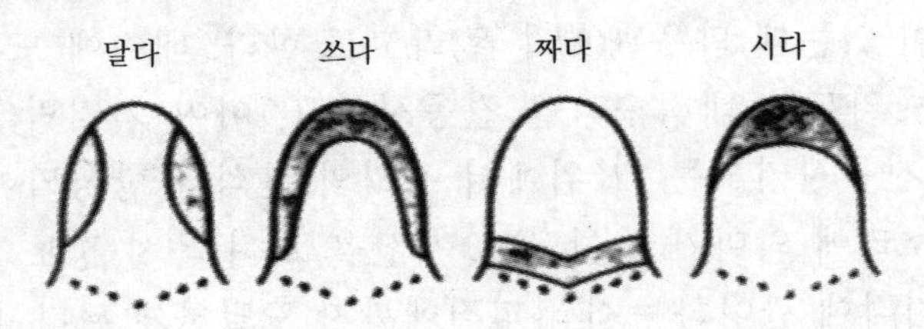

그림 33 · 혀의 위치에 따라 맛이 다르다

또 맛의 질은 미각중추에 이르기 전에 대강 구분되고, 미각 중추에서는 고급 기능을 처리하는 것 같다.

후 각

냄새 감각은 콧속 천정의 후각피질에서 받아들인다. 이곳에는 후세포들이 있고, 기체 상태의 물질이 후각피질에 녹아 후세포를 자극함으로써 후각을 느낀다. 후각과 미각은 수용체가 다르다. 즉 같은 맛이라도 서로 별개의 감각인 셈이다. 그러나 이 두 가지가 함께 활동함으로써 우리는 수천 개나 되는 색다른 풍미를 구별할 수가 있다.

그러니까 음식의 맛은 미각만으로는 달고 짜고 맵고 시고 쓴 것을 구별하는 정도를 벗어날 수 없다. 그러므로 이 두 가지 감각이 연계되어 비로소 그 맛의 참맛을 분간할 수 있다. 그러나 인간은 다른 동물보다 후각이 조금 퇴화되어 후각 기능이 아주 예민하지는 못하다. 냄새는 그 질에 따라 쾌감도 주고 역겨움도 느끼게 한다.

가령 좋은 향수 냄새를 맡게 될 때는 매우 즐겁고 상쾌해지지만 좋지 않은 냄새를 맡게 되면 불유쾌해질 뿐만 아니라 재채기 등 방어 반사가 일어난다. 암모니아 같은 냄새는 반사적으로 호흡 곤란을 일으키게 된다. 사향의 냄새는 먼 곳에 있는 암사슴을 불러 유혹한다는 말이 있는데 향내나는 냄새, 곧 향료는 식생활에 즐거움을 준다.

사람이 호흡을 할 때 코로 들어간 공기의 흐름 일부는 비강(鼻腔)의 최상부인 후열(嗅裂)이라는 곳에 도달한다. 여기에 후세포라는 특수한 세포가 있어 그 활동으로 우리가 냄새라는 것을 느끼는 것이다. 냄새라는 것은 공기 중에 떠도는 물질의 분자이다. 코가 막히면 자연히 입으로 호흡하기 때문에 공기의 흐름이 후열에 도달하지 못하므로 냄새를 모르게 된다.

촉각 · 통각

촉각이라는 감각은 그것을 통해 우리가 접하는 물체의 크기, 형상, 표면의 감촉이라는 특징을 알게 해 준다. 이것은 피부의 촉각 수용체를 통해 척수에 이르고 거기서부터 뇌의 시상과 감각피질에 보내진다. 이러한 뇌 영역 개개의 부분에서 지각된 감각은 신호를 보낸 개개의 신체 부위와 일치한다. 손이나 입술과 같은 감각에는 그보다 감각이 둔한 신체 부위에 대해 대뇌피질의 보다 넓은 영역이 배당되어 있다.

감각을 일으키는 곳에는 역시 수용체가 있고, 피부에도 지속적인 자극이 가해졌을 때 여기에 대한 응답이 빠르고 늦은 것도 있다. 통각을 일으키는 수용체는 내장의 일부를 제외하고 신체 중의 모든 조직에 분포되어 있다. 아픔을 전해 주는 신경은 촉각을 전달하는 것에 비해 가늘고 그 수도 많다.

이(齒)의 아픔을 전달하는 신경은 치수(齒髓)에 있고 이 자체의 아픔은 아니다. 그렇기 때문에 건강한 이는 아픔을 느끼지 않는다. 충치가 되면 이의 에나멜질(質)이나 상아질에 구멍이 나서 치수 밖으로부터 짙은 염분이나 당분 등이 치수에 도달하여 신경을 자극하게 된다. 통증이 가벼울 때는 어느 이가 아픈지 쉽게 알 수 있으나 심할 때는 턱의 한편 전부가 통증을 느끼므로 어느 이가 아픈 이인지 모를 경우도 있다.

동물이나 사람의 감각중추는 제1감각중추에 이어 제2감각중추도 있다. 이것은 보다 더 높은 정신 활동, 즉 지각의 형성과 관계가 있는 것으로 생각된다. 그 밖의 감각중추로 내장감각이라는 이름으로 총괄되고 있는 특수한 감각이 있는데 질식감, 공복감, 갈감(渴感), 공규감(空閨感), 배변감, 배뇨감 등이 있다. 이들 내장감각은 기본적 생명 활동에 민감하게 연결된 감각으로 후각, 통각과 함께 원시감각이라고 불려지고 있다.

그런데 감각영역은 잠을 잘 때도 문이 열려져 있고 자극을 받아들여 뇌에 전달하고 있다. 그러나 감각은 없다. 그 이유는 의심이 있어야 비로소 감각은 성립되기 때문이다.

평형감각

평형감각도 인간의 생명 유지를 위해 필요한 기본적인 감각 중의 하나이다. 개나 고양이를 들어 거꾸로 떨어뜨려도 반드시 바른 자세로 땅에 떨어져 선다. 그러한 행위를 반사

행위라 하는데 그것이 바로 평형감각인 것이다. 이런 평형 감각이 있음으로 해서 우리는 지구상에서 생존해 가고 있다.

우리가 그네 같은 것을 타거나 회전하는 놀이기구를 타고 돌다가 멎으면 정지해 있는 몸이 마치 돌고 있는 것처럼 느껴질 때가 있다. 물론 넘어지는 경우도 있다. 그러나 대개는 몸의 평형을 유지하는데 이런 감각을 주도하는 뇌가 우리에게 있기 때문이다.

7. 사물을 볼 수 있는 뇌

시각영역

시각은 매우 놀라운 감각이다. 이 대단한 감각으로 인해 우리는 수많은 세상의 모양, 색깔, 활동, 자연의 아름다움, 그 위에서 일어나는 사건과 활동을 볼 수 있다. 또한 수많은 미술, 조각품 들을 감상하고, 감동을 누리고, 사랑하는 가족과 친지, 다정한 친구들과의 교제가 이루어진다. 역사를 비롯하여 수많은 사람들의 저작물을 통해 교양을 쌓고 문물을 교류하며 또한 미래를 설계할 수 있다.

얼마나 많은 문명의 이로운 물건이 제작되었고 그 혜택을 누리며 살고 있는가? 그러나 만일 보지 못한다면 문명의 혜택을 거의 누리지 못할 것이다. '시각'은 또한 가장 많이 연구된 감각기관이기도 하다. 시각의 신호는 양쪽 눈으로부터 받아들이게 되고 여러 경로를 통하여 시각피질로 투영된다.

그 결과 여러분이 보고 있는 광경의 좌반부는 여러분의

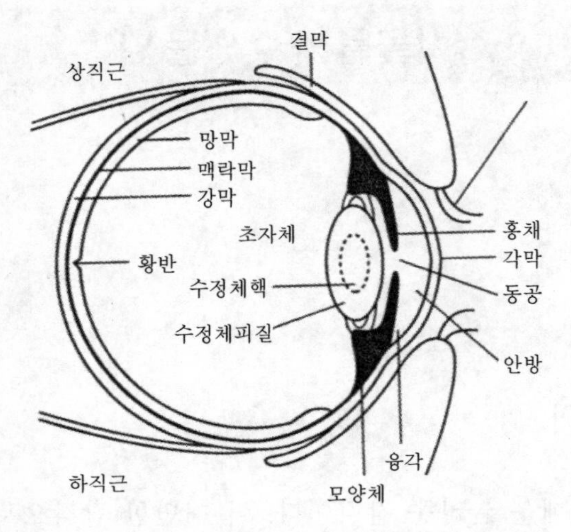

그림 34 · 눈의 구조

우뇌에 입력되고 역시 우반부의 것은 좌뇌에 입력된다. 시각 활동은 각기의 안구로부터 약 100만 개의 신경섬유로 이루어진 시신경을 통해 시각영역까지 보내진다. 이제 시각영역의 활동과 그 기능을 살펴보기로 하자.

사람의 눈(안구)은 자주 카메라에 비유된다. 카메라와 비슷한 활동을 하기 때문일 것이다. 우선 수정체가 있는데 그것은 고급 렌즈와 같다. 또 홍채는 카메라의 조리개, 안구의 후반부에 있는 강막과 맥락막은 몸체, 안구 후반부의 안쪽을 덮고 있는 망막은 필름에 해당되고, 카메라의 몸체 안이 검게 되어 있듯이 맥락막도 멜라닌 때문에 검게 보인다.

다시 살펴보도록 하자. 처음에 사물이 보이면 두 개의 동공 뒤의 수정체(렌즈)를 통해 밖에 있는 그림을 안구 뒤에 있는 망막(필름) 위에 찍어냄으로써 망막이 활성화된다. 그런데 여기서부터가 카메라와 크게 다른 점이다. 빛은 먼저 눈으로부터 뇌까지 입력 정보를 송신하는 섬유를 통과해야 되고, 시신경을 지나 후두엽 쪽에 있는 시각피질로 가서 비로소 분석되기 때문이다.

시각피질에 도달한 후 1개 영역에서 처리되고, 다시 8개 영역에서의 분석을 거쳐 형체, 위치, 색채 등의 정보가 재생되며, 측두엽, 전두엽 등을 지나면서 완전히 처리됨으로써 비로소 하나의 영상이 확정된다. 그래서 뇌동맥경화나 고혈압이 되면 내과에서도 눈의 혈관을 살펴보고 눈압을 측정해 본다. 이것은 단순하게 안구가 뇌 근처에 있기 때문이 아니다.

우리의 뇌는 사물의 실제 크기라든가 정확한 색깔 등 모든 특징을 잘 알아맞힌다. 그러나 어떤 부위가 손상을 입으면 문제가 발생한다. 가령 후두엽 안쪽의 색깔과 형태를 구분하는 부분이 손상을 입으면 색맹이 되고, 후두엽 바깥쪽 부위가 손상을 입으면 물체가 정지되어 있을 때는 볼 수 있으나 움직일 때는 볼 수가 없다.

눈에는 누선(淚腺)이라는 곳이 있다. 거기서 언제나 작은 양의 눈물이 나와서 안구의 표면을 적셔 준다. 눈물의 분비가 적어지면 안구의 표면이 마르기 때문이다. 눈물이 완전히 끝나는 때는 사람이 죽는 때이다. 즉 사람이 죽고 잠시 지나면 투명한 각막이 하얗게 흐려진다. 이것은 사람이나 동물이나 마찬가지이다. 그래서 생선의 신선도를 알기 위해 생선의 눈을 보는 까닭이 여기에 있는 것이다.

제1장 '뇌의 발달과 임계기'에서 언급한 대로 사람의 시각영역은 그 발달 시기와 관계가 크다. 즉 발달 시기에 따라서는 돌이킬 수 없는 변화가 일어날 수 있다는 것이다. 그 좋은 예가 제1장에서 언급한 보비의 눈이다. 두 살 때 눈을 안대로 1주일간 가렸다가 뗀 일이 초등학교 때의 검사로 확인된 바 가렸던 눈의 시력이 약해져 있었다는 것이다. 그 이유는 바로 어렸을 때였기 때문이다. 이것으로 보아 유아기일수록 시력의 보호가 중요하다. 이러한 일은 사람이나 동물이나 다 동일하다.

그런데 가장 주목할 것은 눈의 시력이 약해지는 때가 한쪽 눈만 가렸을 때라는 사실이다. 이것은 결국 눈의 특성 때문이고, 두 눈이 특이한 경쟁 관계를 지니고 있기 때문이다. 즉 한쪽 눈을 많이 사용하면 그 눈은 강해지고, 덜 쓴 눈은 반대로 약해지는 성질이 있다. 보통 상식과는 반대되는 현상이 눈의 성질이다.

그래서 보비의 경우처럼 왼쪽 눈을 가렸던 기간에 오른쪽 눈은 강해져서 잘 보지만, 반대로 왼쪽 눈은 잘 보지 못하게 된 것이다. 참으로 이상스러운 일이지만 눈의 경우는 그렇다. 그리고 그 경쟁이 어렸을 때일수록 더욱 강하다는 것이다. 부모 된 사람은 그렇기 때문에 어린아이일수록 어렸을 때 한쪽 눈을 비록 병에 걸렸다 하더라도 덮어버리는 일은 피하도록 해야 한다.

그러나 두 눈을 함께 감는 것은 상관이 없다. 아이들이 오랫동안 잠을 자지만 그때 두 눈은 경쟁하지 않으므로 시력에는 아무런 지장이 없다. 유아기일수록 두 눈의 경쟁이 심하다는 것을 알아두도록 하자.

기어다니는 아기와 시각 발달

뇌는 신체 중의 한 기관이다. 따라서 뇌의 기능은 신체 전반의 구조와 그 상태에 의해 좌우되는데, 뇌도 생리적인 조건이 좋으면 기능이 좋아지지만 반대로 지장이 생기면 나빠진다. 미국 필라델피아의 능력개발연구소에서는 원시 문화와 선진 문화의 조사를 통해 다음과 같은 사실을 밝혀냈다.

즉 아기가 방바닥이나 마루를 자유롭게 기어다니는 습관이 있는 종족은 진보된 문화와 기술 또는 어떤 형태의 문자를 갖고 있는 경우가 많으나, 그와는 반대로 아기가 기어다니는 것을 억제하는 종족은 매우 뒤떨어져 읽고 쓰기도 잘 못했다는 것이다. 물론 교육을 받았는데도 많은 곤란이 따랐고, 또한 눈의 구조상에는 아무런 장애가 없었는데도 팔길이 범위 내의 것까지도 잘 보지 못한다는 것이다.

또 주거 지역이 이웃인 두 종족의 인디언을 상세하게 조사한 한 연구에서도 육체적, 문화적, 지능적으로 우세한 쪽은 역시 아기를 자유롭게 기어다니도록 한 종족이었다고 한다. 왜 이와 같은 일이 일어나는지 좀더 구체적으로 알아보자. 여러분은 방바닥이나 마루 위에서 손과 무릎으로 기어다니는 아기들을 많이 보았을 것이다. 한번 잘 살펴보기 바란다.

아기들은 기어다닐 때마다 두 손을 교대로 내밀게 된다. 그럴 때마다 아기의 눈은 앞으로 내밀고 있는 자기 손끝에다 초점을 맞추게 된다. 그것이 계속되면서 눈의 초점도 반복된다. 방바닥을 기어다니면서 아기는 팔의 길이만큼 두 눈이 일치하여 기능을 발휘하도록 훈련이 되어 가는 것이다. 이 '팔 길이'라는 것은 사람이 성장하여 읽고 쓰기를 한다든가 기능을 몸에 익힌다든가 도구를 만진다든가 다룰 때의 눈으로부터의 거리인 것이다.

글렌 도먼(미국 필라델피아 인간능력개발소장)이 다운증 환자와 지체부자유아의 치료에 이용한 것이 바로 이 점이었다. 그는 아기들의 발달 과정에서 거쳐야 할 단계, 즉 '기어다니는 과정'을 빠뜨림으로써 감각기능이 뒤떨어질 뿐만 아니라 지능에까지도 처지게 된 것을 발견했다.

그래서 그는 이러한 환자(주로 어린이)들에게 빠져 버린 발달 과정을 다시 하게 함으로써 신체 기능이나 지능면에서의 향상을 가져오는 데 성공했다. 필자도 그들 몇 환자들의 실례담을 읽어보고 매우 감동한 바 있었는데, 우리는 이런 사소한 일이 그런 큰 장애까지 가져왔을까 하고 매우 의아하게 생각하겠지만 사실이다.

미국 하버드 대학의 조사에 의하면 미국인 성인 중에 학교를 졸업한 후 한번도 책을 읽어본 일이 없는 사람이 매우 많았다고 한다. 또 성인의 반수 이상이 신문을 읽는 능력마

저도 없다는 것이었다. 또한 초등학생들의 3분의 1 이상은 읽는 것에 대한 능력이 부족하다고 말하고 있다.

그런데 뇌과학자들은 그와 같은 현상은 그들이 두 눈을 하나의 영상에 맞출 능력이 없어서인데, 그것은 바로 어릴 때의 훈련이 되어 있지 않았기 때문이다.

8. 운동을 주관하는 뇌

운동영역

중력이 있는 지구에서 살아가는 인간의 기본 조건 중에는 그것이 저자세이건 고자세이건간에 자세를 바르게 해야만 살아갈 수가 있는데, 우리가 거의 의식하지는 못하지만 우리의 자세는 많은 근육의 계속적인 긴장에 의해 지탱되고 있다.

그래서 모든 행동은 정적인 자세를 바탕으로 한 동적인 근육 운동에 의해 구현되고 있는 것이다. 이러한 자세와 운동은 골격을 주축으로 한 골격근의 수축과 이완에 의해 이루어지는데, 그것이 의식적일 때는 말할 것도 없고 무의식적일 때도 행해지고 있다. 가령 잠을 자고 있을 때 무릎을 치면 발이 벌끔 튀어오른다. 올리려고 하지 않았는데도 저절로 올라가는 이 운동은 의식과는 상관없는 반사 운동이다.

따라서 반사 운동은 의식 주체인 대뇌피질과는 상관이

없다. 그러나 자세와 운동은 의식 활동이 없이는 안 되므로 잠을 자고 있는 상태에서는 일어날 수가 없다. 인간의 대뇌 피질에는 많은 운동에 관계되는 영역이 있다. 이 운동영역도 체성감각영역과 같이 분업의 체제가 되어 있다.

독일의 철학자 칸트는 "손은 외부의 연수이다"라고 했는데, 이것은 대뇌의 생리학적인 면에서도 매우 훌륭한 말이다. 이토록 대뇌의 운동영역은 펜필드가 그린 뇌분업지도를 보면 운동영역 중에서도 손과 얼굴, 입, 혀 등의 근육에 명령을 보내는 영역이 매우 넓고, 반면에 허리나 몸통, 어깨 등 커다란 근육에 명령을 보내는 영역은 오히려 적다는 것을 알 수 있다.

이렇게 손, 얼굴, 입에 운동명령영역이 넓다는 것은 결국 이들 근육의 운동에는 많은 뇌세포가 관계하고 있다는 것을 의미한다. 따라서 매우 세밀하게 명령이 내려지고 복잡한 운동이 행해지는 것은 당연하다.

손끝이나 손가락과 발끝의 운동을 비교해 보면, 손가락의 놀림과 발가락의 놀림은 비교가 되지 않는다. 또 얼굴을 보자. 참으로 많은 표정을 만들고 있는 것이 인간이다. 웃는 얼굴, 우는 얼굴, 어색한 표정 등 얼마나 다양한가? 그러나 명령을 내리는 영역이 적은 궁둥이나 몸체의 근육은 그토록 섬세하지도 않고 기민하지도 않다.

손은 외부의 뇌라고 한다. 그만큼 손의 활동도 많고, 따라서 뇌의 활동도 많다. 그러면 이제 손가락의 예를 들어 뇌의 활동을 살펴보자. 일단 손이 어떤 물질에 닿았다고 느껴지면, 그때 어떤 느낌이 일어난다. 그런데 그 느낌을 감지하는 것은 사실은 손의 피부에 있는 감각기관이다. 그리고 그 손이 움직이기 위해서는 근육을 담당하는 운동영역의 활동이 있어야 한다. 그러니까 손이 움직이는 데도 우선 이 두 기관이 통합되어 비로소 가능한 것이다.

다시 말하면 손을 잘 쓰는 것은 뇌를 잘 사용한다는 말과 같다. 우리가 손이라고 단순하게 말하지만 손에는 손바닥과 다섯 개의 손가락, 그리고 손톱이 있다. 그리고 이 손을 지탱하는 27개의 뼈가 있고, 뼈 사이에는 관절이 있다. 손과 손가락을 움직이는 것은 근육이다. 물론 손을 움직일 때 팔도 움직인다.

좀더 생각해 보자. 손을 찬물에 대면 차다고 느낀다. 싫으면 손을 떼는 행동을 할 것이고, 기분이 좋으면 더 오래 담글 것이다. 아무튼 이런 일련의 움직임을 위해서는 신경세포가 흥분하여 신경 펄스가 나와야 하고, 대뇌, 소뇌의 활동과 조절 등 온몸이 움직인다는 사실을 알아야 하겠다. 그러니 하나의 작은 기관의 운동도 뇌 전체의 활동과 연결될 수밖에 없는 것이다.

원숭이의 운동영역을 살펴보았더니 발을 움직이는 명령을 내리는 곳이 손의 것과 거의 같았는데, 원숭이가 나무에서 나무로 자유자재로 건너뛰면서도 거의 떨어지지 않는 비밀의 하나가 이렇게 손과 발이 똑같이 활동하도록 장치가 되어 있기 때문이다.

돼지나 코끼리의 코 근육에 명령을 내리는 곳이 넓다는

것을 우리는 쉽게 이해할 수 있다. 프랑클린은 "인간은 도구를 사용하는 동물"이라고 말했는데, 그것은 인간이 손을 사용하고 있기 때문이다. 손의 사용 범위는 참으로 넓다.

사람과 사람이 손을 마주 잡는 것이나 손짓을 하는 일에도 손이 사용되지만, 물건을 쥐고 그것을 사용할 때 그것은 노동의 기구가 된다. 그러므로 손이 외부의 뇌수라는 것은 옳은 말이다. 이 운동영역은 자기 신체의 반대쪽 근육을 지배하고 있으므로 한쪽 영역이 파괴되면 신체의 반대쪽 근육이 활동하지 못한다. 즉 반신불수가 된다.

그런데 운동영역에는 1차, 2차 감각운동영역, 보족(補足) 운동영역 등이 있다. 앞에서 기어다니는 아기와 시각 발달의 관계를 설명한 바 있는데, 여기서는 운동과 발달의 관계에서 그 문제와 연관된 것들을 알아보기로 하겠다.

원래 인간은 출생 직후에는 '무족수시대'(無足獸時代), 즉 네 발로 걷는 시대이다. 그 다음 물건을 붙잡고 일어서며 옆으로 걷는 시기가 있다. 그 시기가 지나서 물건에 손을 대지 않고 걸어가는 '이족수시대'(二足獸時代)가 있다. 이것은 우리 모든 인간들이 거치는 순서일 것이다. 그런데 이 시기가 매우 중요한 것이다. 이 단계를 제대로 거치지 않으면 우리의 뇌는 제대로 발전하지 못한다.

그래서 어떤 학자는 말하기를, 어린아이를 위해 기어다니는 시기가 되면 친정으로 아이를 보내라고 했다. 무슨 말인가 하면 오늘날 좁은 집에서 사는 도시의 젊은 엄마는 아이를 마음껏 기어다니게 하기 위해 넓은 공간이 있는 시골집에 보내라는 뜻이다.

사실 도시인의 좁은 집에는 많은 가구들 때문에 아기가 마음껏 기어다니기가 힘들다. 그래서 별로 기어다니지도 못한 채 물건을 잡고 일어서게 되면서 걷게 된다. 그런데 그것이 좋지 못하다. 아이는 충분히 기어다니고 그 다음에 일어서야 된다. 별로 기어다니지 못하고 일어서는 것을 좋아하는 부모가 있는데, 그것은 옳은 일이 아니다.

사람의 뇌는 척수의 맨밑에서부터 차츰 위로 발달해 가는 것이 순서이다. 그러니까 뒤집고 나서 기어다니는 운동 동작이 뇌 발달의 순서라는 말이다. 충분하게 기어다니고 나서 걸어다니는 아이야말로 건강한 사람이 되는 기초임을 잊지 말아야 한다.

오늘날의 아이들에게는 여러 가지 문제가 있는데, 그 첫째는 잘 넘어진다는 것이다. 또한 뼈를 부러뜨리는 일도 많다. 그런데 그 이유는 어렸을 때 넘어지는 경험을 많이 하지 않았기 때문이다. 그러니까 아이 때 잘 기어다니고 일어서서 걸으면서 많이 넘어지기도 하는 것이 필요하다.

아이들이 넘어지면 어깨, 엉덩이 등 근육이 많은 곳으로 자기 몸을 잘 받아넘기는 자연적인 행동을 한다. 자기 머리를 다치지 않도록 자기 방위의 능력도 스스로 익히는 것이다. 그것은 넘어지면서 자연스럽게 체득된다. 이렇게 몸에 익히는 일은 어렸을 때부터 더러 상처도 입으면서 굴러 넘어지는 체험을 통해서만 얻어지는 것이다.

그런데 그런 체험이 적은 아이들은 넘어지면 크게 다치

게 된다. 뼈가 약해서가 아니라 자기 방위의 기본 구조가 몸에 배어 있지 않아서 그런 것이다. 뼈 그 자체는 스스로 성장하는 기능이 없다. 근육을 당긴다든가 뼈를 위에서 누른다든가 해서 성장하는 것이다. 요컨대 선다든지 걷는다는 행동을 하지 않으면 뼈는 성장하지 않는다.

아이들이 클 때 좋은 영양식을 주는 것도 필요하지만, 어릴 때부터 뜀박질도 하고 달리기라든가 나무 타기 등을 시켜 뼈가 많은 영향을 받아서 강해지도록 해야 한다. 두 다리로 걷는 행위는 뇌의 구조상으로 볼 때 평형 반응이 확립되었다는 뜻이다.

다시 말해서 우리는 뇌가 있으니까 자연적으로 걷고 자연적으로 건강해진다고 생각해서는 안 된다. 뒤집고 앉고 일어서고 걷는 행위가 거듭됨으로써 우리의 뇌는 만들어진다는 것을 알아야 한다. 말하자면 그런 동작들이 우리 뇌에 새겨져서 비로소 뇌가 뇌 구실을 할 수 있게 된다는 말이다.

아이 때의 뛰어 놀고 걷는 일이 필요한 까닭은 또 한 가지 있는데, 그것은 우리 인간의 뇌가 무겁다는 점이다. 머리가 크고 무겁기 때문에 잘 굴러 넘어지지 않도록 근육의 훈련이 필요하다. 그러므로 아이 때 집 안에서 걸으며 놀던 아이가 마당으로 나가고 집 근처에 나가서 노는 것은 근육 발달을 위해 중요한 것이다. 뛰어 노는 것을 멈추게 해서는 절대 안 된다. 부모들이 놀이터에서 아이들이 넘어질까봐 좇아다니는 일은 하지 말아야 한다.

또한 맨발로 흙이나 모래를 밟게 하는 일이 중요하다. 그것은 발바닥의 근육을 위해 좋기 때문이다. 공원 같은 데 가서는 신발을 벗게 하여 맨발로 다니도록 하자. 자연과 가깝도록 만들어 주자. 요즘 초등학교에서 놀이를 할 줄 모르는 아이들이 있다고 한다. 얼마나 서글픈 이야기인가? 아니, 두려운 이야기이다.

9. 말하는 뇌

언어영역

사람은 말을 하는 동물이다. 만약 우리에게 언어가 없어 생각을 나타낼 방법이 없었다면 오늘의 문화는 상상도 할 수 없을 것이다. 언어는 인류만이 가지고 있는 독특한 특권이다. 물론 다른 동물에게도 소리가 있고, 교신을 위한 그 나름대로의 방법이 있으나, 그것은 우는 소리, 외치는 소리에 불과할 뿐 언어라고는 할 수 없다.

언어가 인간의 특징이라는 것을 강조한 언어학자 훔볼츠는 "사람은 단지 언어에 의해서만 사람이다"라고 표현했다. 그러면 왜 언어가 생겼을까? 집단을 이루어 살고 있는 이간으로서는 구성원인 한 사람 한 사람과의 교류가 필요했는데 그것 없이는 생활하는 데 많은 어려움이 따르기 때문이다.

물론 의사의 전달은 다른 방법도 있다. 표정과 손발의 동작 등이 그것이다. 그러나 소리에 의한 동작에 미칠 수는 없다. 더군다나 떨어져 있으면서 활동해야 되고, 또 보이지 않는 장소나 원거리에서 의사를 전달하는 방법이 소리 이외에는 있을 수가 없다.

집단 생활의 목적은 개체 유지와 종족 보존의 생명 활동을 능률적으로 행하는 일이기 때문에, 의사 전달 활동은 그 수단 방법이 어떻든 이 두 가지의 생명 활동과 밀착해 있지 않으면 안 된다. 음성적 전달의 본질도 당연히 여기에 있을 수밖에 없다.

그러니까 동물의 울음소리, 외치는 소리는 모두 기본적으로 생명 활동과 밀착해 있다고 보아야 한다. 그러나 우리 인간은 보다 더 높은 정신 활동을 전달하는 소리, 즉 언어를 구사할 수가 있었다. 인간은 약속에 의해 일정한 형식에 따라 조립된 소리의 연쇄, 즉 언어를 만들고 문장을 고안해 내어 언어의 문화를 형성하고 그것을 통해 집단 생활을 풍성하게 하고 있다. 언어가 고급 정신 활동의 상징이라는 까닭이 여기에 있다.

언어에는 정동적(情動的)인 언어와 지적인 언어로 분류할 수 있다. 정동적이란 기본적 생명 활동과 밀접한 성질의 것이고, 지적이란 고급 정신 생활의 상징으로서의 성격을 갖는 것이다. 이 구분에 의하면 동물의 소리는 모두 정동적인 것이고, 인간의 언어는 지적인 것이라고 할 수 있다.

그러나 인간의 소리에도 그 본질이 되는 정동적인 성질을 부정할 수는 없다. 특히 우는 소리만을 전달의 수단으로 사용하고 있는 아기들의 소리가 그것이다. 거의 울기만 하던 아기도 1개월이 지나면 배가 고파서 우는 소리와 아파서 우는 소리 등으로 분류되지만 정동적인 소리임에는 변화가 없다.

생후 3개월이 되면 대뇌피질(신피질)의 발달에 따라서 지적인 언어를 배울 준비 태세가 된다. 여러 가지 성질의 소리를 내는 재잘거리는 시기, 자기가 자기 소리를 흉내내는 자기 모방기를 거쳐 10개월경부터는 뜻도 모른 채 다른 사람의 소리를 흉내내는 타인 모방기로 들어가고, 성장함에 따라서 언어의 수가 증가한다.

어린이 시기의 끈질긴 연습과 노력으로 몸에 익힌 언어를 아이들은 힘들지 않게 구사하고 있다. 그러나 그 기본에는 복잡미묘한 뇌의 구조가 활동하고 있는 것이다. 말을 하려면 우선 상대의 말을 듣고 그 뜻을 이해하지 않으면 안 된다. 그리고 그 이해를 바탕으로 자기가 전하려는 생각을 발상하고, 그 내용을 언어로 조립시키며, 마지막으로 이것을 발성 기관의 근육과의 통합적 활동에 의해 소리의 연쇄로 이루어지는 것이다.

이러한 모든 동작이 대뇌피질에서 이루어지고 있음은 두말할 나위가 없다. 언어를 이해하는 활동이 이루어지고 있는 영역을 감각성 언어영역이라 하고, 언어를 말하기 위한 근육 활동의 통합이 이루어지는 영역을 운동성 언어영역이라고 한다.

만일 감각성 언어영역이 깨지면 상대의 말을 들을 수는 있지만 그 뜻을 이해할 수가 없으므로 어떻게 답변을 해야 할지 모르게 된다. 또한 자기가 말하려는 언어까지도 무엇을 말하고 있는지 그 뜻을 모르기 때문에 뜻도 없는 말을 지껄이고 있을 뿐 뜻있는 말을 하지 못한다. 이것을 감각성 실어증이라 한다.

이에 대해 만일 운동성 언어영역이 깨지면 후두(喉頭)와 입의 근육은 마비되어 있지 않으므로 소리는 자유롭게 낼 수 있지만 어떤 말을 입에서 내려고 해도 소리를 조립하여 언어로 만들 수 없으므로 결국 말을 못한다. 그래서 이것을 운동성 실어증이라 한다. 프랑스의 외과의사 폴 브로카에 의해서 발견된 운동성 언어영역은 브로카 언어영역이라고도 한다(113쪽 참조).

그 후 독일의 신경학자이자 신경정신과 의사인 칼 베르니케는 브로카가 지적한 부위 근처에 있는 곳이 역시 언어를 조정하는 중추인 것을 발견하고 의학계에 발표했다. 그곳이 감각성 언어영역이고, 베르니케 언어영역이라고도 부른다(113쪽 참조).

그보다 약간 늦게 프랑스의 조셉 드제리느는 베르니케 언어영역에 인접한 곳에 있는 각회(角回, PC로 표시함)를 발견했다. 이곳이 손상을 입으면 말하는 데는 지장이 없으나 글을 읽고 쓰는 데는 장애를 일으키는 곳이다.

매우 흥미 있는 사실은 왼손잡이나 오른손잡이도 다같이 거의 언어영역은 좌반구, 즉 좌뇌에 있다는 것이 발견되었다.

카스퍼 하우저 증후군

1828년 독일 뉘른베르크 근처에서 발견된 젊은이 카스퍼 하우저는 오랜 기간 사람들과 접촉을 못하는 가운데서 유리된 생활을 했다. 거의 사람들과 만날 기회가 없었던 그는 결과적으로 말을 배울 수 없었고 정신적으로도 발달이 안 된 상태였다.

따라서 카스퍼 하우저 증후군이라는 말은 사람 또는 동물의 아기나 새끼가 장기간 부모나 친구들 또는 어미와 격리된 상태로 있었기 때문에 말을 못하게 된 경우를 말한다. 지금까지 야생동물 속에서 자랐다고 여겨지는 아이들이 정글 속에서 발견된 예는 40건쯤 보고되어 있다. 일부분은 곰이나 비비에게 길러진 경우도 있으나, 대부분은 늑대나 이리에게 길러진 경우가 많다.

동물들 속에서 구출된 아이는 정신적으로 미발달된 상태이다. 그들에게 인간적인 것이란 전혀 없었다. 그들은 동물과 함께 살았기 때문에 인간적인 것을 얻을 기회가 없었던 것이다. 아주 어려서부터 동물과 함께 있었던 아이들은 두 발로 일어서지도 서서 걷지도 못했다. 한번도 사람들이 두 발로 걸어다니는 것을 보지 못했기 때문이다.

가장 유명한 것은 인도에서 발견된 이리 소녀들로 카마라와 아마라이다. 앞의 아이는 8세경이고 뒤의 아이는 1세 반경에 발견되어 사람들에 의해 양육받았으나 모든 점에서 짐승과 같은 습성과 행동을 했고 물론 두 발로 서지도 못했다.

그들은 먹을 때 개처럼 핥아먹었고, 짐승들이 밤에 우는 습성도 지니고 있었다. 날것을 좋아하고, 사람들과 상대하는 것을 싫어했다. 언니 카마라가 서게 된 것은 겨우 3년 후였고, 어떤 사태가 벌어지면 즉시 네 발로 엎드렸다. 무엇보다도 언어를 가르치는 일은 매우 힘들었다. 언니 카마라가 처음 4년 동안에 여섯 개의 단어밖에 발음하지 못했으나, 그 후에는 순조로워 7년간의 교육 결과 45개의 단어를 익혔다. 그러나 1세 반인 동생 아마라는 1년 동안에 50개의 단어를 익혔으나 불행히도 그 아이는 1년 후에 죽고 말았다.

역시 인도에서 늑대 소년이 2, 3세경에 발견되었다. 그도 야성동물의 습성이 몸에 배어 있었고, 날고기 외에는 먹으려고 하지 않았다. 빛과 사람을 싫어했고, 침대에 눕혀지는 것도 거부했으며, 침대 밑의 가장 어두운 곳에 숨곤 했다.

그 소년이 인간 세계에서 만난 동물 중 가장 좋아한 것은 강아지였고, 강아지를 보면 힘이 생겨 즐겁게 놀았다. 그 놀이 방식은 늑대 새끼 바로 그것이었고, 이빨을 가지고 강아지의 귀나 발을 물고 놀았으나 결코 아프게 하는 일은 없었다. 후에 차츰 아이들과 놀게 되었으나 그 놀이 방식은 여전히 강아지에게 대하는 것과 같았다.

이들 모두에게 인간의 언어 습득을 위한 주변 사람들의 노력은 대단했으나 그것은 매우 힘들었을 뿐만 아니라 최고의 난제였고, 그 성과란 거의 보잘 것 없는 것이었다. 그 이유를 다음에서 찾아보자.

언어의 습득은 어릴수록 좋다

앞에서의 이야기를 통해 사람이 익힌 습성, 특히 어렸을 때의 습성이 얼마나 강하고, 더군다나 그것을 고치려고 할 때 그것이 거의 불가능에 가까울 정도로 어렵다는 것을 알 수 있다. 동시에 습성은 어렸을 때일수록 빠르고 강력하게 새겨진다는 것도 알았다.

야생아들이 만일 걸을 수 있을 때 동물에 의해 길러졌다면 어떻게 되었을까? 틀림없이 그들은 계속 서서 걸을 수 있었을 것이 틀림없다. 그러나 그들은 그런 행동을 보지 못했고, 혹시 보았다 하더라도 직접 해보지 못했기 때문에 인간 세계에 와서 두 발로 걷는 일을 익히는 데 3년이나 걸렸던 것이다.

말을 하는 경우도 8세짜리는 7년 걸려 익힌 것이 겨우 45개 단어였는데 1세 반짜리 동생은 1년에 50개의 단어를 익혔으니, 얼마나 유아 시기의 낮은 나이와 높은 나이의 습성들이기에 차이가 큰가를 알 수 있을 것이다.

이제 이런 일과 관련하여 사람이 언어를 익힐 수 있는 시기를 생각해 보자. 대략 언어 발달의 적기는 출생 직후부터 6세까지라고 한다. 만일 아이들이 이 기간 동안에 인간의 언어를 들을 기회가 없다면, 그들은 언어를 습득할 수 없다고 보아야 한다.

가장 쉽게 말을 배울 수 있는 방법은 아이 주변에 항상 같이 있는 사람의 말을 듣는 일이다. 즉 자기 주변에 있는 많은 사람들이 말하는 언어 환경 속에서 자라면 별로 힘들이지 않고 언어를 배운다.

인도에 이런 전설이 있다. 아그발왕이 지구상에서 최초로 말하여진 언어를 알고자 하여 12명의 갓 태어난 아기들을 모아 엄중하게 경호된 탑에 격리시켰다. 그리고 아무런 불편도 없이 자유롭게 자랄 수 있도록 모든 편의를 갖추고 말을 못하는 유모를 붙여 주었다. 왕은 아무런 언어도 가르쳐 주지 않으면 아이들은 가장 오래된 인류 최초의 언어로 말을 할 것이라고 생각했던 모양이다.

1, 2년 후 왕은 이 아이들을 데려오게 했다. 그러나 아이들은 세계 어느 나라 말도 할 수 없었다. 물론 이것은 전설이지만 이런 잔혹한 실험은 실제로 행하여질 가능성이 많다. 어린이들이 자유자재로 모국어를 구사할 시기는 보통 3, 4세경부터인데, 그들은 주변에 있는 사람들과의 대화를 통해 조금도 어렵지 않게 익히고 사용하게 된다. 이것은 결국 이 시기가 언어 습득에 매우 적기라고 하는 말도 된다. 물론 이 시기부터 한자나 산수 같은 것을 가르치면 매우 능숙하게 해낼 것이고 천재라는 말을 들을 수도 있다.

글은 어느 뇌에서 읽고 쓸까

이미 언어는 좌뇌에서 구사하고 있다는 것을 설명했는

데, 글을 읽고 쓰는 것도 역시 보통은 좌뇌가 하고 있다. 그런데 글을 쓴다고 하는 것만 하더라도 결코 단순하지가 않다. 한 문장을 쓰려고 할 때 뇌는 그 언어의 소리를 분석하고 합성하여 그 소리를 단어나 문장으로 만든다. 그리고 그것을 사용하기 위해서는 입과 혀, 그리고 손까지 함께 활동해야 비로소 가능하다.

즉 단어를 듣고 그 단어를 구성하는 소리를 분석하고 입으로 중얼거리면서 글자의 시각 패턴으로서 기호화가 이루어진 다음 운동 지령을 받은 손의 근육이 움직여져 비로소 글을 쓰게 되는 것이다. 따라서 어느 하나가 손상을 입으면 매우 어렵게 된다.

그런데 사람의 언어 구사의 능력이 반드시 좌뇌에만 있는 것은 아니다. 즉 우뇌에도 있다는 사실이다. 왼손잡이 중에 언어영역이 우뇌에 있는 경우도 있다.

한편 문자에 있어서도 우뇌의 지시를 받는 사람이 있는데, 그것은 한자를 사용하는 동양인의 경우이다. 그 까닭은 한자는 어떤 물체나 형상을 표현한 그림 문자이기 때문이다. 우리가 알고 있는 대로 아시아의 여러 민족은 상형문자를 사용하고 있다. 우리가 사용하고 있는 한자는 바로 상형문자인데, 한자는 그 기원을 보면 알 수 있듯이 어떤 물체나 형상을 표현한 '그림 문자'이다.

이미 여러분은 우뇌의 기능을 알고 있으리라 생각되지만, 우뇌는 공간 인식이 뛰어나 말로 표현할 수 없는 복잡한 도형이나 그림 같은 것을 잘 기억한다. 즉 구상적으로 파악하는 능력이 있다. 따라서 그림같이 생긴 한자를 인지하고 이해하는 것은 우뇌의 분담이다. 알파벳이나 한글은 표음문자이고 한자는 표의문자인데, 우리 한국인은 이 두 가지를 다 사용하는 민족이다.

만일 우리의 좌뇌가 멈추어 버린다면 표음문자(한글)의 읽고 쓰기를 못하게 된다. 그러나 표의문자인 한자는 계속 읽고 쓰기를 할 수 있다. 물론 반대로 우뇌가 손상을 입으면 한글이나 알파벳을 이해하고 쓸 수는 있겠으나 한자는 이해 불능이 된다. 중국인은 한자만을 사용하기 때문에 가장 큰 타격을 입게 될 것이다.

그런데 한자의 인지에는 대뇌의 후두엽, 두정엽의 손상에도 관계가 있다. 이 부위가 손상을 받으면 우선 시각 장애가 일어난다. 이런 사람에게 사람의 초상화를 보여주면 초상화의 눈, 코, 입이 어디에 있는지는 알지만 그 부분을 합성시켜 사람의 얼굴로서는 이해하지 못한다. 그러니까 초상화 전체를 이해하지 못하고 "아마도 사람의 그림 같은데…"라고 하게 된다.

초상화의 얼굴에 수염이 있으면 이것은 고양이라고 주장할 것이다. 이러한 사람은 당연히 한자의 이해력도 전혀 없다. 그러나 후두엽, 두정엽의 손상이 있더라도 보다 단순한 표음문자, 즉 알파벳이나 한글로 쓰여진 문장은 읽고 쓸 수가 있다. (물론 한글이나 알파벳, 또는 한자를 알고 있는 사람의 경우이다.)

그런데 또 재미있는 일은 서양 사람들에게 있어 알파벳

문자는 좌뇌가 처리하는데 음악의 악보를 읽고 쓰기는 우뇌가 담당한다. 우뇌는 음악의 소리와 악보 등을 기억하고 있고, 또한 그 소리와 악보 등의 이용법도 기억하고 있다. 작곡가 모리스 라벨이라는 사람은 병으로 언어 능력이 상실되었으나 악보를 읽었고 악보를 사용하여 작곡까지 할 수가 있었다.

한편 우뇌의 활동이 중단되도 암산은 가능하다. 즉 물건을 센다든지 간단한 암산을 하기도 한다. 그 까닭은 숫자의 기호를 쓰는 것은 우뇌가 할 수 있고, 또한 로마 숫자, 아라비아 숫자, 한자의 숫자 등도 우뇌의 소관이기 때문이다. 그러나 필산은 하지 못한다. 왜냐하면 계산 능력은 좌뇌가 하기 때문이다.

계산 능력은 사람에게만 있고 다른 동물에게는 없다. 따라서 좌뇌에 병고가 생기면 그 사람의 수학 능력은 저하될 수밖에 없다. 만일 좌뇌 전체가 병들었다면 그 사람의 수학 능력은 0이 된다. 그것을 우리는 실산증(失算症)이라고 한다.

동물은 사람의 말을 알아듣는가

많은 학자들이 동물도 사람의 말을 알아들을 수 있지 않을까 또는 가르치면 습득할 수 있을 것이라고 생각하여 여러 가지 방법으로 여러 동물에 실험해 보았고 또 시도하고 있다. 앵무새가 모방을 잘하는 것이나 돌고래 등이 주인의 지시에 매우 잘 따라서 묘기를 부린다는 것은 잘 알려진 일이다.

많은 사람들이 집에서 기르는 개는 주인의 말을 잘 이해하고 있다고 생각한다. 집에 있는 개는 주인의 허가가 없으면 낯선 사람들의 출입을 허용하지 않는 습성이 있다. 손님이 집안에서 왔다갔다 하든가 담배를 피운다든가 할 때는 모른 체한다. 그러나 이제는 일어나야지 하고 마음을 정했을 때는 어찌된 일인지 개는 벌써 집 문앞에 와서 서 있다. 못 가게 하려는 것이다.

어떻게 개가 돌아가려는 손님의 마음을 알고 있는 것일까? 혹시 손님이 혼자말로, "이젠 가야지" 하고 중얼거렸으므로 그것을 듣고 아는 것일까? 아니다. 손님의 생각이나 말과는 상관이 없다. 많은 사람들은 자기 집의 개가 영리하여 사람의 말, 특히 주인의 말을 알아듣는다고 생각한다. 그러나 사실은 그렇지 않다. 개는 사람의 말을 전혀 분석할 능력이 없다.

단지 주인이 내리는 명령이나 말의 어조, 그리고 언어가 주어졌을 때의 상황을 잘 파악한다. 물론 그렇게 판단하는 결정적인 자극이 어떤 것인지는 확실하지 않으나, 아마도 주인의 말하는 태도에서 그 기분의 변화를 감지하고 반응하는 것 같다.

여러 가지 많은 상황을 통해 개의 행동을 분석한 결과, 개는 자기에게 주어진 주인의 말뜻에 반응하는 것이 아니라 실제로는 주인이 한 말의 억양과 당시의 종합적인 상황에 반응하고 있다고 생각된다.

개를 훈련하는 지도서에는 "개에게는 한정된 특정 명령 외는 사용하지 않는다"고 쓰여 있다.

10. 기억하는 뇌

기억과 학습

인간들이 새로운 것을 배우고 익히는 일이나 한번 얻게 된 정보를 저장해 두었다가 다시 끄집어내는 능력은 생물의 세계에서 가장 놀라운 현상이다. 우리로 하여금 사람답게 만드는 언어, 사상, 지식, 문화 등은 모두 이 놀라운 능력의 소산이다.

흔히 정보를 처리하는 컴퓨터는 인공 두뇌 또는 생각하는 기계라고 불려지는데, 그것은 계산을 빠르게 할 수 있다는 것 뿐만 아니라 기억 장치도 월등하다는 이유일 것이다. 그런데 우리의 뇌 신경세포가 바로 이런 일을 하고 있는 것이다. 그래서 우리는 매일의 체험이나 지식이 우리 뇌의 어딘가에 간직되어 있을 것이라고 생각하고 있다. 즉 그것들이 물리적인 흔적으로 영원히 남겨지는 곳이 있을 것으로 믿고 있다. 그것을 기억의 흔적(Engram)이라고 한다.

만일 우리가 암호를 해독하는 방법만 알고 있다면, 뇌 속에 있는 그 흔적으로부터 그 사람의 경험과 지식의 모든 것을 읽어낼 수가 있을 것이다. 어떻게 해서 뇌가 기억을 축적시키는지를 발견하는 일은 신경과학의 최대 과제 중의 하나이기도 하다.

어떤 사람은 기억이란 영화의 필름과 같은 것이라고 했다. 그렇기 때문에 우리가 잊어버렸다고 생각하는 기억도 사실은 잊어버린 것이 아니라 뇌의 어딘가에 기억되어 있는데도 그것을 끄집어내는 장치가 옳게 기능을 하지 못하고 있는 것뿐이다.

그렇다면 기억중추라고 불리는 곳은 바로 이 일련의 테이프를 끄집어내는 스위치가 있는 곳일 것이다. 다시 말하면 기억중추는 기억을 저장한 곳이라기보다는 뇌의 어딘가에 있을 기억 테이프를 찾아내어 그 기억의 시초가 되는 머리 부분을 찾아내야 되는 것이 아닐까. 이렇게 볼 때 기억이 좋은 사람이란 필름의 정리를 잘하고 또 그것을 필요로 할 때 잘 끄집어내는 사람이라고 할 수도 있겠다.

미국의 수학자이며 후에 정신의학 교수가 된 맥카로의 계산에 의하면, 사람이 기억할 수 있는 능력은 1%에 불과하고 99%는 잊어버린다고 했다. 그런데 이 1%라고 하는 양도 실은 방대한 양이다. 아무튼 기억한다, 학습한다는 것은 새로운 흔적을 새겨두는 것이라고 볼 때, 그것이 어떤 재료가 제일 좋을까 하는 문제가 제기된다. 그림을 그릴 때 그것을 그릴 재료, 즉 종이가 필요하다.

그런데 그 종이에 이미 많은 것이 그려져 있다면, 우리가 그릴 그림은 적어질 수밖에 없다. 그러나 그와 반대로 아무것도 그려지지 않은 백지라고 한다면, 우리는 100% 마음 놓고 그릴 수가 있는 것이다.

개나 고양이, 원숭이 등은 출생과 동시에 걸을 수 있고, 어미를 찾아서 젖을 빨 수가 있다. 그만큼 원숙해져서 출생한다. 그러나 사람의 아기는 그렇지 못하다. 갓 태어난 아기는 젖을 물려주어야 빨아대는 일밖에 하지 못한다. 그러니까 젖을 입에 대주지 않으면 굶어죽게 되어 있다.

그래서 사람의 아이는 백지와 같이 아무것도 모르는 상태에서 출생했으므로 그 백지 위에다 많은 것을 그려 넣을 수 있게 된다. 실제로 갓 태어난 아기의 대뇌피질은 다른 동물에 비해 아무 임무도 부과되지 않고 있는 여백의 세포, 즉 활성화되지 않은 채로 있는 대뇌피질 부분이 아주 많다. 쥐 같은 작은 동물들은 태어날 때부터 청각, 후각, 시각이나 운동조종중추 같은 영역이 대뇌피질의 거의 전면에 분포, 발달되어 있어 태어난 후 단시일 내에 거의 다 성장해 버린다.

그러므로 동물들은 태어날 때 이미 대뇌피질을 대부분 다 차지하고 여분이 별로 없기 때문에 태어난 후 다른 자극을 받아들일 여유가 없어 타고난 재주 이상의 것을 배울 수가 없다. 이에 반해 사람에게는 대뇌피질에 많은 공백이 있으므로 얼마든지 인간이 갖추어야 할 지능 등을 발달시킬 수가 있게 된다.

그러나 그것은 동시에 커다란 위험도 뒤따르는 것이다.

왜냐하면 그 백지에다 무엇을 그려 넣느냐에 따라서 아이의 일생이 달라질 수 있기 때문이다. 그러므로 백지 같은 아이를 받은 부모는 그 아이에게 가장 좋은 것을 그려 넣도록 해야 할 것이다. 즉 학습의 중요성이 여기에 있기 때문이다.

이것을 뇌의 가소성이라고 하는데, 이 가소성이라는 말은 성질이 유연하여 변화가 가능하다는 말이다. 마치 점토로 무엇을 만들었다가 잘못되면 다시 짓이겨 다른 것을 만들 수 있는 것과 같은데, 우리의 신경회로가 그렇다. 이 말은 뇌는 기계와 달라서 유연성이 있고, 어떤 곤란한 상황이 생기면 거기에 대처할 수 있는 능력이 생긴다는 말이다.

우리 뇌의 신경계에는 이와 같은 가소성, 즉 융통성이 있다. 그런 점에서 아직 완성되지 않은 상태로 태어난 우리 아기들은 학습의 효과가 가장 높을 수밖에 없다는 말은 당연하다. 그러나 물론 생후의 성장이 단지 학습에 의해서만 형성되는 것은 아니다. 유전에 의해서도 어느 정도 형체가 이루어지기 때문이다.

학습은 신경계의 성숙 기반 위에서 발달한다. 병아리는 부화되자마자 모이를 쪼아먹는다. 물론 처음에는 실패도 하지만 거듭 실천하면서 익숙해지고 4, 5일이면 능숙해진다. 학습에는 성숙 과정에서 행하여지는 초기의 학습과 성숙한 다음에 행하여지는 후기의 학습이 있다. 먼저 것은 아기 시절의 학습으로 시행착오와 조건반사에 따른 기계적 반복으로 형성된다.

여기에 비해 후기의 학습은 언어와 개념을 이용하는 성인의 학습으로 그 형성도 빠르지만 소멸도 빠르다. 어렸을 때 익힌 것, 즉 학습한 것은 오래 가고 잘 잊혀지지 않으나 커서 배운 것은 잘 잊혀지게 되는 것이다. 그러므로 조기에 학습하는 것이 필요한 까닭이 여기에 있는 것이다.

기억의 저장고는?

H. M이라는 환자는 간질 환자였다. 종종 간질의 발작을 치료하기 위해 병원에 입원하여 측두엽 안쪽 부위를 제거하는 수술을 받았다. 수술은 성공되어 간질은 고쳐졌으나 새로운 장애가 나타났다. 그래서 그 후부터는 그러한 수술은 행하여지지 않았다고 한다. 수술 후 얼마 지난 후 의사를 찾아온 그는 수술 후의 경과와 정신 상태에 대해 대화를 나누고 있었다.

"H. M씨, 안녕하십니까? 저는 닥터 아무개입니다." 의사가 인사를 했다. "예, 안녕하셨습니까." H. M씨도 인사했다. 그리고 몇 마디 대화가 오고 간 뒤 의사가 말했다. "몇 가지 묻고 싶은 게 있습니다." "아, 좋습니다. 물어보십시오." "제2차세계대전 때의 미국 대통령이 누구인지 아시는지요?" "예, 프랑클린 루즈벨트와 헨리 트루만이지요." "그 당시에 일어났던 철도 파업을 기억하십니까?" "예, 철도를 국유화하지 않았던가요? 확실히는 모르지만…."

이런 식으로 질문과 대답이 오고 갔다. 간단한 질문을 더 하고, 몇 가지 지능 테스트도 실시했다. 지능지수도 평균 이상이고 정신 능력도 정상이어서 별다른 문제는 없었다. 그러는 중에 간호사가 들어와서 옆방에 긴급한 전화가 걸려왔다고 의사에게 전했다. 의사는 환자에게 "잠깐 실례하겠습니다." 말하고 옆방으로 갔다가 잠시 후에 돌아왔다.

"오래 걸려서 미안합니다. 전화가 길어져서요." 의사가 환자에게 사과했다. "저, 실례지만 누구시지요?" 환자가 의사에게 하는 말이었다. 의사가 멍하니 환자를 쳐다본 것은 당연하다. 이 환자는 자기가 행한 몇 분 전의 기억을 생각해내지 못하는 것이었다. 의사는 다시 좀전에 한 대화 내용을 되풀이했다. 환자는 좀전의 대화 내용을 하나도 기억하고 있지 못했다.

의사가 앞서 행한 질문을 다시 하자, 환자는 동문서답을 했던 것이다. 환자는 뇌수술을 받고 나서 새로운 것을 배우는 능력, 특히 최근에 자기가 겪은 일을 기억해내는 능력을 영원히 잊어버렸던 것이다.

그런데 수술 이전의 기억, 즉 수술 전의 생활 경험은 손상받고 있지 않았다. 이 환자의 비극적인 기억 장애는 수술 후 수주일이 지난 후 신경심리학자 밀러에 의해 발견되었다. 또 이상스러운 일은 새것 가운데도 잊지 않은 것이 있었다. 그것은 전화번호인데, 물론 짧은 기간이긴 하지만 기억하고 있었다.

환자는 운동 능력도 정상이었다. 즉 운동 기술은 그대로 가지고 있어 테니스 같은 것은 잘해냈다. 코치의 지도에 따라 기술도 능숙해졌으나 명칭 같은 것과 거기에 따르는 설명, 그리고 코치의 이름은 얼마 후에는 잊어버렸다. 그러니까 코치를 만날 때마다 새 사람을 대하듯이 말해야 했다.

환자는 이런 말을 했다. "제가 뭐 잘못한 일이라도 있습니까? 지금 저는 모든 것이 뚜렷합니다만, 조금 전에 무슨 일이 있었는지 알 수가 없습니다. 그게 좀 문제예요. 마치 꿈에서 깨어난 것 같은 기분으로 아무것도 생각나지 않아요."

이 환자가 받은 수술은 '해마'(海馬)라고 하는 뇌의 일부를 적출한 수술이었다. 해마는 양쪽 측두엽에 하나씩 있는데 그 하나만 적출해서는 기억에 중대한 장애는 일어나지 않는다. 그런데 이 환자의 경우는 두 개를 다 적출했던 것이다. 해마는 대뇌변연계의 일부로 척추동물에게는 매우 중요한 부분이 되는 옛날 뇌이다. 이것으로 알 수 있듯이 해마는 사람을 포함하여 모든 포유류에게 학습과 기억에서 중대한 역할을 하고 있었던 것이다.

그런데 환자의 수술 전 기억은 손상을 입고 있지 않았던 것이다. 결국 해마는 과거의 기억을 저장해 두는 곳이 아니라 새로운 기억을 저장하는 데 필요한 곳이다. 그러면 과거의 기억은 어디에 저장되어 있는 것일까? 기억 상실은 건망증이라고 말하는데, 옛것을 잊어버리는 것은 역행성 건망증이고 새로운 것을 잊어버리는 것은 전향성 건망증이라고 한다.

역행성 건망증은 시상전핵이나 유두체(乳頭體) 등이 있는 간뇌가 잘못됨으로써 일어난다. 그리고 전향성 건망증은 해마가 사고나 병으로 잘못되었을 때 일어난다고 알려지고 있다. 해마의 혈류가 일시적으로 나빠지면 일과성 건망증에 빠진다. 이것은 술을 과도하게 마신 후 아무 기억도 없는 소위 블랙 아웃이라고 불리는 상태로 어느날 일어났다가 몇 시간만에 없어져 버리는 증상이다. 그런 사람은 그 사이에 일어난 일을 전혀 기억하고 있지 못하다.

일과성 건망증의 경우 해마가 일시적으로 기능을 하지 않는 경우이지만, 일반적으로 기억 상실은 그 기억을 관장하는 부위가 손상을 입음으로써 일어난다. 그런 사고로 인해 그 부위의 신경세포가 탈락하든가 파괴되면 당연히 기억의 회로를 잃어버리게 된다. 그러니까 정보를 보존하는 신경세포 자체가 없어져 버리므로 그 부위가 보존하고 있던 기억이 없어져 버리는 것이다.

나이가 들어 기억력이 나빠지는 것도 단순하게 말하면 단기 기억을 관장하는 해마의 신경세포 수가 감소하기 때문이라고 보아야 할 것이다.

장기 기억과 단기 기억

기억을 크게 나누면 두 가지가 있다. 하나는 '사실의 기억'이라는 것으로 지도라든가 전화번호, 역사의 연대 등에 관한 기억이다. 또 하나는 숙련의 기억이다. 이것은 테니스 같은 운동 기술, 악기 등의 연주 기술 등을 말한다. 앞에서 말한 환자의 경우를 보면 사실의 기억에는 장애가 일어났으나 숙련의 기억에는 장애가 없었다.

또 이것을 구분하면 장기와 단기로 나눌 수 있다. 우리가 전화를 걸 때 집의 전화번호나 자기 직장 또는 가족이나 친구의 집 전화번호는 메모 없이도 걸 수 있는데 그것이 장기 기억이다. 그러나 별로 이용하지 않는 전화번호는 메모를 보고 일시적으로 외우고 나서 걸게 된다. 전화가 끝난 다음에는 이미 그 전화번호는 잊어버린다. 이것이 단기 기억이다.

미국에서의 조사 보고를 보면, 백인은 흑인의 얼굴을 기억하기가 힘들고 흑인은 백인의 얼굴을 기억하기 힘들다고 했다. 아마 이것은 황색 인종의 경우도 마찬가지일 것이다. 그 이유는 생활 속에 많이 접촉하지 못한 까닭이라고 생각된다.

교육을 받은 성인의 뇌에 기억으로 보존된 정보의 항목수는 매우 많아 적어도 수백만은 될 것이다. 여러분이 알고 있는 문자의 어휘를 생각해 보자. 그 단어 하나하나에도 여러 가지 정보가 있을 것이다. 또 지금까지 만난 사람들의 얼굴을 생각해 보고 옛날 사진첩을 뒤져 보자. 그중 어떤 사람들은 다시 만나도 전혀 알아볼 수 없는 사람도 많을 것이고, 그런가 하면 단지 한번 만났던 사람이지만 길에서 만나더라도 즉시 식별할 수 있는 사람도 있을 것이다.

또 초단기 기억이라는 것도 있다. 이것은 순간적인 기억이라는 것인데 약 20초 동안의 단기간 기억을 말한다. 가령 자동차 사고를 당한 사람이 그 직후의 것을 전혀 기억하고 있지 못하는 경우이다. 뇌진탕 같은 것으로 쓰러진 사람도 그 직전의 기억이 없어진다. 그때도 역시 그 사이가 20초 정도의 기억만이 남을 것으로 보이나 물어보면 생각나지 않는다고 말한다.

그러나 머리를 맞고 뇌 장애를 입어 기억이 없는 사람도 어느 때 어느 순간 기억이 되살아나는 때가 있다. 그러니까 잊었다고 하는 말은 반드시 완전하게 없어졌다는 뜻은 아니다.

외국 TV 영화에 방영된 것인데, 스파이 여성 과학자가 죽은 동료에게서 적출한 뇌의 주사를 맞고 그 사람의 기억을 되살려 사건을 해결한다는 내용이다. 아마도 이것은 "기억 자체가 기억 분자로 불려지는 복잡한 단백질 분자 속에 입력되어 있을 것이다"라는 학설이 있으므로, 만일 뇌를 제공해 주는 사람이 있다면 그의 뇌에서 기억 분자를 적출하여 다른 사람의 뇌에 주사하면 그 기억도 이동될 것이라는 생각에서 그와 같은 영화가 생겨난 것이 아닐까.

물론 이것은 불확실한 이야기이다. 잡지 '타임'에 나이 많은 대학교수의 뇌를 깨뜨려 먹는 대학생에 관한 이야기가 실려 있었는데 역시 위와 같은 사고방식 때문이었을 것이다. 흥미 있는 것은 대부분의 어린이들은 도상적(圖像的) 기억을 가지고 있으나 읽기를 시작하면서부터는 그 기억을 잊어버린다고 한다.

인류학자들은 문자를 갖지 않은 문화, 즉 읽고 쓰고 하는 일이 없는 사회인들에게는 도상적 기억이 지극히 당연하게 갖게 되는 능력이라고 말하고 있다. 뇌지도를 만든 펜필드가 발표한 예 중에 보면, M. M이라는 여성 환자는 펜필드가 그 환자의 측두엽에 약한 전기 자극을 가하자 옛날에 경험했던 사건을 생생하게 기억해냈다고 했다.

또한 역시 측두엽의 다른 부위를 자극하자 어떤 사무실의 광경을 떠올리며 그곳에 있던 한 여자가 자기를 부르고 있다고 했고, 또 다른 곳을 자극하자 그 여자가 작업장에서 코트를 걸치고 있는 장면이 되살아났다고 했다. 전기 자극 자체가 정상적인 것이 아님에도 불구하고 선명한 기억이 재생된 것은 놀라운 일이다. 이러한 연구를 통해 측두엽은 기억의 자리일 것이라는 근거가 되었다.

11. 본능은 주관하는 뇌

생물적인 본능

인간도 생물이기 때문에 생물로서의 욕구가 있다. 만일 그런 욕구가 없었다면 우리는 개체 유지도 종족 보존도 불가능했을 것이고, 아무것도 하지 못하는 무능한 존재로 지구상에서 없어지고 말았을는지도 모른다. 그러나 다행히도 우리 모든 인간에게는 생물적인 욕구가 있다. 그것이 본능적인 마음이다. 그러면 어떤 본능적인 욕구가 있을까?

첫째로 신체의 구석구석까지 산소를 공급하기 위한 호흡 본능이 있다. 둘째로는 뇌세포가 언제라도 활동할 수 있는 상태를 보존하도록 하기 위해 필요한 수면 본능이 있다. 수면은 뇌를 쉬게 하는 데 절대로 필요한 것이다. 셋째로는 우리의 세포에도 영양이 필요하므로 그 영양분을 잘 공급해 주는 식욕 본능이 있다.

넷째로는 인류가 세상에서 존재하기 위해서는 자손이 필요하므로 그 자손의 존속을 위해 필요한 성욕 본능이 있다.

다섯째로는 많은 동물과 자연의 위협이 공존하는 세상에서 그 삶을 보증받고 협력하면서 살아가기 위해서는 집단생활이 필요하므로 그런 집단을 구성하는 군집 본능이 있다.

이러한 본능은 인간이 원래부터 가지고 태어났으며 또 계승되어 왔다. 이런 것을 본능이라고 하는데, 이것이 유지되기 위해 우리 신체 내에 몇 가지 특징이 있다. 이것을 뒤집어 말한다면 본능적인 생활을 보존하는 장치가 마련되어 있다는 이야기가 된다. 그 첫째가 본능을 충족시키려는 욕구이다. 그것이 충족되지 못할 때 욕구불만이 일어나고 거기에는 불쾌한 느낌이 동반한다.

따라서 욕구불만을 해소시키기 위해 신체는 적극적인 활동을 하게 된다. 그러나 만일 그런 욕구불만이 해소되지 못하면 갖가지 형태의 부작용이 발생하게 되는데, 그것은 질병으로 나타난다. 그와 반대로 그 욕구가 충족되면 거기에 따르는 만족감이 생기고, 그 결과는 인간 생활에 활기가 넘치게 될 것이다.

그러면 이 본능 활동을 어디서 주관하고 통제하는가? 그곳이 바로 대뇌구피질이다. 예를 들면 아기가 태어나자마자 젖을 빨게 되는데, 아기가 젖을 빨 수 있는 것도 바로 대뇌구피질이 조종하고 있기 때문이다.

사람의 본능 중에 식욕 본능은 최고의 자리를 굳히고 있다. 식욕의 충동은 공복감에서부터 생겨난다. 공복감의 원인에 대해 여러 가지 설이 있는데, 실험을 통한 보고를 간

추려 보면 역시 대뇌구피질의 변연계, 시상하부가 주관하고 있음이 밝혀졌다. 물론 물을 마시려는 음욕(飮慾)도 동일하다.

사람이 배가 고프면 뱃속에서 쪼로록 소리가 나면서 공복이라는 것을 알려온다. 그런데 공복을 알리는 것은 위나 장이 아니라 뇌의 시상하부이다. 그중에서도 식욕에 관계되는 것은 섭식중추와 만족중추이다. 그러니까 배가 고프면 섭식중추에서 사인을 보내고, 배가 부르면 만복중추에서 이젠 그만하라고 사인을 보낸다. 다이어트를 경험한 사람이면 한두번 이런 사인을 들었을 것이다. 섭식중추와 만복중추의 활동은 우리의 생명 유지에 매우 중요한 것이므로 그 구조를 좀더 알아보자.

섭식중추에는 '포도당 감수성 뉴런'이라고 포도당에 반응하는 신경세포가 있다. 이 신경세포는 혈액 중에 포도당이 많이 있으면 반응이 억제되도록 되어 있다. 즉 혈액 중에 포도당이 적어지면 이 신경세포가 활발하게 움직여 무엇인가를 먹게 하라고 뇌의 전두연합영역에 지령을 내린다. 배가 고플 때는 어김없이 이 지령이 내려진다.

만복중추에는 '포도당 수용 뉴런'이라는 신경세포가 있는데, 이것이 식사에 의해 혈액 중의 포도당 농도가 약 두배 정도가 되면 반응하여 이젠 더 이상 먹지 않아도 된다는 사인을 전두연합영역에 전한다. 그때 우리는 만복된 것을 느끼고 먹는 것은 중지된다.

먹는다는 것은 생명을 유지하는 기본 중의 기본이다. 그 기본을 확실히 실행하기 위해 뇌가 활동하고 있는 것이다. 그것은 뇌 자체도 에너지를 취하지 않으면 활동할 수 없기 때문이다. 따라서 배가 고프면 부끄러워할 것 없이 '뇌에 포도당을 보급하는 시간'이라고 선언한다.

사람이 어느 연령이 되면 성에 대해 눈을 뜨게 된다. 그런데 그 성에 대한 각성과 욕구라고 하는 것도 역시 이 대뇌구피질이 관장하고 있다. 또한 사람이 무리를 지어 살아가야만 안전보장이 되고, 또 행복하게 살아갈 수 있으며, 그러한 마음과 행동을 본능적으로 갖고 있는데, 그 본능도 역시 이곳 대뇌구피질의 활동 중 하나이다.

만일 이런 본능이 깨진 사람들이 함께 모여 산다고 가정해 보자. 거기에서는 우리가 보통 생각하는 인간 관계라는 것을 전혀 찾아볼 수 없게 될 것이다. 왜냐하면 그들은 백명이면 백명 모두가 서로 얼굴을 쳐다보면서도 미소 하나 띠지 않고 말 한마디 교환하지 않을 것이며 또한 모두가 아무 상관없는 사람으로 살아갈 것이기 때문이다.

부부가 부부 싸움을 하다가도 다시 화합하고 살아가며, 친구들끼리도 싸움 후에 더욱 친해진다는 것은 군집 본능이 정상적으로 활동하기 때문이다. 교도소 안에서 죄수가 규정을 어기면 징벌로 독방에 가두게 되는데, 그것은 군집 본능을 가진 인간에게 고통을 주기 위해서이다. 비행 청소년이 생기는 원인 가운데는 이러한 본능적인 욕구가 채워지지 못하여 일어나는 현상도 있다는 것을 간과해서는 안될 것이다.

왜 잠을 자야 하는가

수면은 호흡과 식욕, 성욕과 함께 성취되지 않으면 안 되는 본능적인 욕구 중 하나이다. 동물은 수면과 각성 상태를 주기적으로 되풀이하는 생체 리듬을 가지고 있다. 강아지에게 1주일 동안 잠을 자지 못하도록 하는 실험을 했더니 그 강아지는 죽고 말았다. 이것은 바로 동물의 생명에는 수면이 필수적이라는 사실을 보여준 예이다.

미국에서는 제2차세계대전 때 수백명의 군인들을 참여시킨 대대적인 단면(斷眠) 실험을 했는데, 단면 2, 3일부터 초조해진다든가 기억력이 떨어진다든가 심한 착각 증세나 환각이 일어나는 경우가 있었고, 4일째부터는 거의 모든 사람들이 낙오되고 말았다고 한다. 기록 보유자는 8일 8시간이라고 하는데 참으로 초인적이다.

실험이 끝난 후 그 사람의 정밀검사를 한 결과 정신 상태는 약간 이상이 있었으나 신체적으로는 아무 이상이 없었다고 한다. 그 밖에 오래 견뎌낸 사람들 중 한 사람은 정신에 이상이 보였으나 하룻밤 푹 쉬고 나자 거뜬히 회복했고, 나머지 두 사람은 수년간 정신 이상으로 고생했다고 한다. 그러니까 육체적으로는 거의 영향이 없었으나 뇌에는 꽤 장애를 일으킨다는 것이 이 실험으로 증명된 셈이다. 범죄 피의자를 고문하는 데 이 단면을 이용했다는 이야기가 있는데 사실일지도 모른다.

그러면 왜 수면이 인체에 필요한가? 그것은 뇌세포가 언제나 활발하게 활동하기 위해서는 준비하는 시간이 필요하기 때문이다. 그러니까 사람이 수면을 취하는 것은 피곤함을 풀기 위해 필요하다는 소극적인 면도 있지만 건강 보존을 위해 필요하다는 적극적인 면도 있는 것이다.

그 적극적인 이유는 무엇인가? 그것은 영양의 보급이다. 뇌에도 영양의 보급이 필요한데 그 영양 중의 하나가 바로 수면이다. 따라서 활동을 하는 사람일수록 잠을 잘 자야 하고, 뇌를 많이 쓸수록 더욱 잠을 많이 자야 한다. 아기들이 잠을 많이 자는데, 그것은 그만큼 뇌가 많이 발달하는 시기이기 때문이다. 그러므로 잠을 잘 자는 아기가 잘 성장한다는 말은 옳은 말이다.

그러면 성인은 어느 정도 자야 하는가? 사람에 따라서 다르지만 평균 7.5시간을 잔다고 한다. 할트만이라는 사람의 수면 시간에 관한 조사에 의하면 평균 수면 시간이 7.5시간인데, 단시간 수면자는 전체의 5%, 9시간 이상은 5%라고 했다. 단시간 수면자는 야심적, 활동적, 정력적인 일에 열중하는 사람이라고 했고, 장시간 수면자 중에는 잠자는 것을 낙으로 삼고 수면을 빼앗기는 것을 중대한 사태로 여기는 사람이라고 했다. 또 내성적이고 수동적인 사람이 많았다고 했다.

아무튼 사람은 평균적으로 하루의 3분의 1을 잠을 자므로 인생의 3분의 1을 인생 활동에서 완전히 배제할 수밖에 없다. 그러나 잠을 자지 않을 수는 없다. 사람이 '잠이 온다'고 하는 것은 지금 몹시 피곤하다는 신호이다. 흔히 잠이 잘 오지 않는다는 사람도 있는데, 뇌세포는 피로가 심해지면 반드시 자게 되어 있으므로 잠이 안 온다고 걱정하지 말고 그 시간까지 책을 본다든가 하여 불안함을 물리치는 지혜가 필요하다.

또한 뇌세포는 수면을 요구하고 있으므로, 우리는 그 요구를 잘 들어주어야 한다. 그러나 반드시 몇 시간은 자야 한다고 못을 박을 필요는 없다. 필요에 따라서 활동도 하고 수면도 취하면 될 것이다. 나폴레옹이나 에디슨 같은 사람은 하루 4시간을 잔 단면가였다.

그러니까 수면에 필요한 것은 '양'보다 '질'이다. 즉 깊이 잠을 자는 것이 필요하다. 푹 잠을 자면 활동에 지장을 주지 않으나, 깊은 잠을 못 자면 그 시간이 길어도 그 다음 활동에 지장을 줄 것이다. 그런데 우리의 대뇌는 두 개의 피질이 있다. 하나는 구피질이고 또 하나는 신피질이다. 옅은 잠은 신피질만의 수면이고, 깊은 잠은 신구피질이 함께 자는 것을 의미한다.

앞에서 설명한 대로 신피질은 이성과 지성과 같은 고등 정신 활동을 하는 곳이고, 구피질은 본능과 정서 같은 활동을 한다. 그러니까 신체 내부의 내장 상태가 좋지 못해도 그곳과 신호를 나누고 있는 구피질은 잠을 잘 자지 못한다. 자꾸 신호가 오기 때문이다.

예를 들어 배가 고프다든가, 배가 불러서 위의 상태가 좋지 못하다든가, 소변기가 있다든가 하는 신체의 컨디션이나, 춥든가 더운 환경도 잠을 자는 데 지장을 주는 것이다.

잠을 잘 잤다는 말은 신구피질이 모두 편히 잤을 때를 의미한다. 그러므로 잠자리에 들기 전에 몸의 상태를 잘 살펴 편안히 잘 수 있는 조건을 만들 필요가 있다.

그러나 깊은 잠을 잔다고 해서 모든 뇌가 다 잠을 자는 것은 아니다. 모든 뇌가 잠을 자는 때는 사람이 죽는 때이다. 인간의 생명을 유지하기 위해 잠을 안 자는 뇌도 있다. 그것은 뇌간부에 속해 있는 뇌들이다. 이들은 사람이 자는 동안에도 깨어서 신체의 상태를 감시하고 정검하고 있다. 하여간 수면은 뇌에 영양분을 보급하고 있다는 사실을 기억하고 적당한 수면을 취하도록 해야 한다.

한편 대뇌신피질이 잠을 요구하는 까닭은 뇌가 피로하기 때문이다. 그러므로 피로를 풀어줄 휴식 시간을 주어야 한다. 만일 휴식을 취하지 않고 과잉 활동만 계속하며 잠을 자지 않는다면 대뇌신피질은 파괴되고 만다.

또 수면은 도파민 등의 호르몬을 저장하는 시간이기도 하다. 깨어 있는 시간에 소비된 도파민과 그 동료들은 잠을 자는 동안에 새로 저장된다. 이것이 뇌의 건강을 위해 수면을 필요로 하는 커다란 이유이기도 하다.

대체로 보통 사람은 뇌를 위해 평균 6시간 반 이상의 수면이 필요하다. 인간 뿐만 아니라 모든 동물의 체내에는 활동과 휴식의 리듬이 본래부터 짜여져 있는 것이다. 수면 시간을 희생해서라도 많은 일을 하고 싶은 의욕 있는 사람도 있겠으나 적당한 수면과 활동의 조화는 반드시 이루어져야 한다.

수면과 뇌파의 관계

수면을 연구하는 일은 그렇게 쉬운 일이 아니었으나, 다행히 독일의 정신과의사 베르거가 뇌파의 기록에 성공한 후 급진전되었다. 그의 기록에 의하면 정신 상태가 안정되어 있을 때, 특히 눈을 감고 있을 때 나타나는 전위 변동을 알파파라고 불렀는데, 매초 8~13헬츠가 나타난다. 눈을 뜨고 사물을 보고 소리를 들을 때는 알파파는 지워지고 베타파(14~25헬츠)가 나타난다. 그리고 꾸벅꾸벅 졸기 시작하면 알파파는 급속도로 감소되어 4~7헬츠의 세타파가 나타난다. 이것이 수면의 제1단계이다.

다시 숨소리가 들릴 정도로 잠이 들면 세타파 외에 방추파(紡錘波)라고 불리는 12~14헬츠의 파장이 섞여 나온다. 이것이 수면의 제2단계이다. 잠이 더욱 깊어지면 3헬츠 이하의 델타파가 나타나게 되는데, 이것이 뇌파 전체의 20~50%를 점하게 되면 수면의 제3단계이고, 중간 정도의 깊은 수면 상태가 된다. 3헬츠 이하의 델타파가 50% 이상을 점하게 되면 잠은 더욱 깊어지는데, 이것을 제4단계라 한다. 제3단계와 제4단계, 즉 세타파와 델타파를 서파(徐波)라 하고, 베타파를 속파(速波)라고 한다.

그러나 수면의 깊이와 뇌파의 성질이 이 법칙을 좇지 않고 있는 특수한 수면 단계가 있다. 그 뇌파는 얕은 잠인 제1단계의 파형과 비슷하지만, 수면 상태를 관찰해 보면 안구가 좌우로 빨리 움직이므로 잠이 깬 것이 아닌가 생각될 정

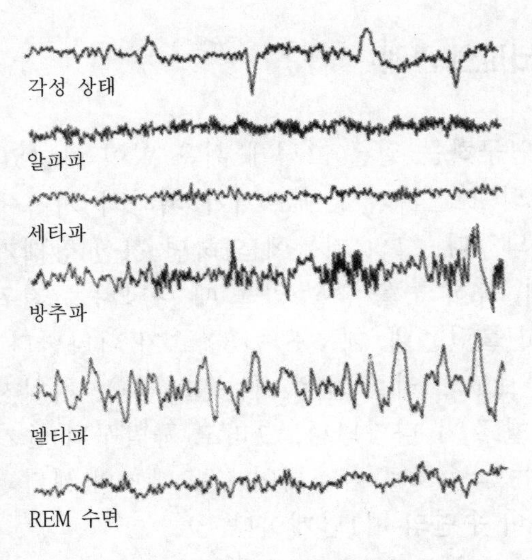

그림 35 · 수면 상태의 뇌파

도이다. 그래서 이 눈동자가 빨리 움직이는 것을 영어로 'Rapid Eye Movement'라 하고 그 머리 글자를 따서 렘(REM) 수면이라고 하는데, 역설수면(逆說睡眠)이라고도 한다.

REM 수면이란 글자 그대로 안구가 좌우로 빨리 움직이는 것이 특징인데, 그렇기 때문에 뇌파로 보면 얕은 수면, 즉 막 잠에서 깨어날 듯한 상태로 보이지만 실상은 그렇지 않다. REM 수면 때의 신체의 자세는 완전히 늘어진 상태, 즉 아무런 긴장미도 없고 침대에서 자다가 밑으로 굴러 떨어질 정도로 나른해진 상태이다. 그러나 이미 설명한 대로 눈동자가 움직이고, 어떤 근육은 힘차게 움직이는가 하면 다른 쪽 근육은 누그러진 형편, 그러니까 묘한 상태이다.

그뿐 아니라 내장의 활동도 매우 난조 상태, 마치 폭풍우처럼 호흡이 거칠고, 심장의 고동이나 혈압이 오르락내리락 한다. 그러니까 이 상태를 설명한다면 뇌파는 깨어 있으나 의식은 없는 상태이다.

REM 수면 중에는 외부에서 자극을 주어도 깨어나기가 힘들다. 한편 남성의 경우 생식기가 발기한다. 아침에 깨어났을 때 발기하는 경우가 바로 REM 수면 중에 눈을 떴기 때문이다. 이것은 아이들의 경우도 동일하다. 이와 반대로 눈동자를 굴리지 않고 완전하게 잠을 자고 있는 보통 수면 상태를 서파수면이라 하고, '논렘'(Non REM) 수면이라고도 하는데 표기는 NREM이다.

보통 건강한 사람은 잠이 들고나서부터 NREM 수면이 한 시간 반 정도 계속된 후 최초의 렘 수면이 나타난다. 그 후 다시 1시간 반마다 되풀이된다. 결국 하룻밤에 4, 5회 렘 수면이 반복되는 셈이다. 지속 시간은 첫번째가 약 10분, 두번째가 약 20분, 세 번째가 약 30분 정도이고, 새벽이 가까울수록 길어져서 하룻밤에 합계 1시간 반 정도 된다. 그러니까 수면 시간의 약 20%에 해당된다.

여기서 역설수면이라는 말은 그때의 뇌파 상태가 마치 잠에서 깨어난 것과 같이 느껴졌으나 실제로는 여전히 잠을 자고 있으므로 역설(파라독스)이라는 말을 쓰게 된 것이다. 또한 서파수면이라는 말은 잠이 깊어감에 따라 뇌파가 서서히 파장을 그리고 있으므로 그것을 서파수면이라고 부르게 된 것이다.

대부분의 생물은 아침이 되면 일어나고 낮에는 일하고 밤에 잔다. 이것이 평균 하루의 리듬이다. 우리의 몸도 이러한 리듬으로 살아간다. 그러면 왜 이런 생체의 리듬이 있는가? 그것은 생명의 지속과 종족의 보존 때문이다. 이러한 리듬의 기원은 체내 시계 때문이다. 체내 시계를 만드는 기원은 태양의 빛이다. 그러니까 체내 시계가 1년, 1개월, 1일 등의 리듬을 갖는 것은 실은 빛의 양의 변화에 맞춘 것이다. 이렇게 해서 체내 시계의 리듬은 대략 24시간의 주기를 기본 리듬으로 해 왔다. 이것을 '서커다이언 리듬'이라고 한다.

'서커'(Circa)는 대략이라는 뜻이고, '다이즈'(Dies)는 '날'이라는 뜻으로 라틴어이다. 이 둘을 합치고 '리듬'을 붙여 만든 말이 '서커다이언 리듬'이고, 체내 시계의 리듬을 나타내는 말로 사용되고 있다. 그러면 체내 시계는 몸의 어디에 있을까? 얼핏 생각하기는 빛을 느끼는 '눈'으로 생각되겠으나 실은 뇌에 있는 시상하부이다. 해외 여행에서 시차 때문에 머리가 멍해지는 까닭도 지금까지의 체내 시계의 리듬과 환경이 급하게 달라졌기 때문이다.

동굴에서 태양의 빛을 보지 않으면서 살아갈 경우 사람의 리듬이 얼마나 정확한가를 실제로 실험한 동굴 탐험가 시프레(프랑스인)의 이야기는 유명하다. 소리도 빛도 없는 적막한 동굴 속에서 단지 인공 조명 하나로 며칠간을 지낼 수 있을까의 실험에서, 그는 초인간적으로 179일을 지냈다. 날짜의 계산을 그는 아침이라고 느낄 때 일어나 아침을 먹었고, 밤이라고 생각될 때 전등을 켜라고 전화로 밖에 있는 사람에게 연락하는 식으로 계산했던 것이다.

그런데 실제로는 151일이었다. 그러니까 28일간의 엇갈림이 생긴 셈이다. 알고 보니 체내 시계는 하루 24시간이 아니고 25시간으로 새겨져 있었던 것이다. 즉 인간 본래의 체내 시계의 리듬은 24시간 주기가 아니라 실은 약 25시간 주기였다. 따라서 그대로 내버려두면 아침에 눈 뜨는 시간은 한 시간씩 늦어져야 한다. 그러므로 아침에 정한 시간에 일어나려면 잠이 모자라는 것은 당연한 일이다.

원래대로라면 이 리듬은 25시간 주기이므로 24시간밖에 없는 하루가 자꾸 간격이 벌어질 수밖에 없었던 것이다. 그러나 뇌는 외부에서 오는 빛을 느끼면서 본래의 체내 리듬을 수정하여 24시간 주기에 적응시키고 있는 것이다. 물론 빛 이외의 외부에서의 영향도 있다. 결국 우리의 뇌는 체내 시계라는 유연성을 갖고 있는 능력을 사용하여 우리의 매일의 생활을 원만하게 지내도록 조절하고 있는 것이다.

꿈의 세계

꿈이란 참으로 신기하다. 눈으로 보고 있는 것도 아니지만 확실히 무엇인가가 보인다. 더욱이 그것이 움직이고 돌아다니며 회화도 이루어지지만 통일성은 없다. 시간도 공간도 따로따로이고, 나타나는 사람이나 사물의 관계도 뒤죽박죽이다. 하여간 이 꿈을 소재로 한 소설, 그림이 나타나고, 프로이트는 꿈의 분석을 시도했다. 그렇다면 꿈은 우리의 또 하나의 현실인가 아니면 허구일까?

아무튼 꿈 이야기가 나왔으니 여러 학자들의 말을 들어보자. REM 수면 때 꾸게 된다는 꿈에 대해 어떤 사람은 그때 대뇌가 제멋대로 활동함으로써 꿈을 꾸게 된다고 했다. 즉 깨어 있을 때 대뇌의 활동은 통제되어 있었으나, REM 수면 때는 대뇌가 잠에 취한 상태이므로 기억 장치는 해마 같은 데서 기억을 마음대로 끄집어낸다는 것이다. 그것이 후두부에 있는 시각영역에 전해져 갖가지 정보가 뒤섞여지면서 꿈으로 나타난다. 결국 꿈이란 과거 기억의 재생이라고 했다.

그런데 끄집어낸 기억이 논리적으로 정리가 안 되어 있기 때문에 기상천외의 이야기가 전개된다. 또 끄집어낸 그림이 꾸벅꾸벅 조는 상태이기 때문에 한 그림에 대해 잠깐 생각하는 사이에 다른 그림이 또 나타나므로 다시 그것에 대해 생각한다. 이와 같이 하여 꿈의 이야기는 전개되어 간다. 그러나 한 장의 그림과 다음의 그림은 관련이 있는 것도 있고 전혀 관계가 없는 것도 있다. 그러니 이야기는 맥락이 없게 되고, 시간과 공간을 뛰어넘어 어처구니없는 꿈이 되고 만다.

또 어떤 사람은 꿈이란 '신피질'이 잠을 자는 동안에 '구피질'이 날뛰는 때라고 했다. 그러니까 낮 시간에 '신피질'에 억압되어 있던 '구피질'이 '신피질'이 잠들어 있는 사이에 날뛰고 설치며 기를 펴고 있다고 했다. 즉 욕구불만이 꿈이 되어 풀어 버린다는 것이다. 그런 식으로 해석을 하면 꿈을 꾼다는 것도 그 나름대로의 상당한 이유가 있다고 생각된다.

프로이트의 주장으로는 마음 속 깊이 간직되어 있는 어떤 소원이나 욕구가 대신 보상받는 것이라고 했다. 프로이트의 꿈을 단서로 해서 심층 심리 연구를 한 것을 비롯하여 꿈을 테마로 한 연구는 매우 많은데, 확실히 꿈은 인간 정신의 깊이를 엿보게 하는 창문으로 느끼게 하는 점도 없지 않은 것 같다.

또 DNA의 발견자인 프란시스 크릭 박사는 1983년 흥미 있는 말을 했는데, "렘 수면은 필요 없는 정보(기억)를 지워 버리기 위한 것이다"고 했다. 만일 그의 말이 맞는다면, 요즘 수면학습법이라는 교육 방법은 아무런 효과도 없는 일을 하는 셈이다.

프로이트는 "꿈은 무의식에 들어가는 왕도"라고 말했는데, 정신의학자들은 이 '무의식의 마음' 속에 숨어 있는 억압된 사상을 발견하기 위해서는 꿈을 생각나게 하는 일도 필요하다고 했다. 그래서 잊어버린 꿈을 되살리는 방법을 연습시킨다고 한다. 그것의 가능 여부는 모르겠으나 꿈에 대한 많은 연구들은 계속되고 있다.

여러분들은 고향에서 지내던 어린 시절의 생각치도 않던 사람들이 나타났던 꿈을 기억할 것이다. 꿈은 소망의 성취라고 말한 사람들의 말이 새삼 생각난다.

12. 행동을 조종하는 뇌

무조건반사와 조건반사

러시아의 과학자이며 생리학자인 파블로프는 조건반사라는 연구로 1903년 노벨의학·생리학상을 받았는데, 그의 연구는 소화선(消化腺) 활동의 기본적인 연구였다. 그런데 그의 연구는 장장 25년이나 걸렸다고 해서 유명하다.

역시 1925년에 노벨상을 받은 영국 작가 버나드 쇼는 한 소설에서 파블로프에 대해 한 말 가운데, "도대체 두 가지 상황이 동시에 일어남으로써 동물이나 사람의 마음 속에 연결되어 하나의 습관이 만들어진다는 것은 누구나 다 알고 있는 사실이다. 그런데 그것을 발견하는 데 25년이나 견뎌낸 과학자가 있다니 이 얼마나 멍청한가!"라고 했다.

파블로프에게 조건반사의 연구를 하게 된 계기를 만들어 준 것은 한 마리의 개와 연구소의 직원에 의해서였다. 소화선의 연구를 하고 있던 그는 어느 날 개에게 먹이를 주러 오는 직원의 발자국 소리를 들었다. 그런데 그때 개는 벌써 타액을 줄줄 입에서 흘리고 있는 것이 아닌가? 그것을 본 그는 바로 조건반사라는 원리를 깨닫기 시작했고 그 연구를 계속하게 되었다.

먹이를 먹을 때 타액이 나오는 것은 동물이나 사람에게는 출생과 동시에 일어나는 반사이다. 따라서 이러한 자극과 반응의 관계는 자연적인 것, 즉 경험이나 학습이 없이도 일어나는 현상이다. 그래서 그것을 무조건반사라고 한다. 가령 무릎을 탁 치면 발이 위로 튀어오른다. 그런데 누구에게나 이러한 반응은 신체에 이상이 없는 한 반드시 일어난다. 즉 어떤 자극만 있으면 일어나는 현상이다.

그러나 여기 개의 경우는 다르다. 개가 먹이를 먹을 때 타액이 나오는 것은 본능적이고 자연스러운 것이지만, 직원이 개 있는 곳으로 걸어오는 소리만 들어도 개가 타액을 분비했다는 것은 개의 본능적인 행동이 아니라 직원이 오면 먹이를 준다는 경험상의 의식이 그렇게 만든 것이라고 보아야 한다. 물론 직원은 날마다 정해진 시간에 개에게 먹이를 날라다 주었다.

특정한 구두 소리→먹이→타액, 즉 원래와는 관계가 없던 두 가지 사항이 연결되어 일어난 반사였던 것이다. 그래서 이것을 조건반사라고 한다. 조건반사를 형성하는 방법은 이미 잘 알려져 있다. 개가 들어가 있는 개집에 전등을 켜고 그로부터 30초 후에 먹이를 주면 개는 물론 먹이를 먹는다.

잠시 후에 다시 전등을 켜고 30초 후에 먹이를 주면 개는 먹이를 먹을 때 타액을 분비한다. 물론 그것은 먹이를 잘 씹

어먹기 위해서이다. 이런 실험을 5~10회 정도 반복하면 전등을 켜기만 해도 먹이가 주어지기 이전이라도 개의 입 안에서는 타액이 타액선으로부터 분비되기 시작한다. 이것은 바로 조건반사가 형성된 까닭이다. 즉 개의 대뇌 반구에 전등의 빛을 수용하는 시각영역과 식욕중추 사이에 일시적인 결합이 일어난다는 것을 의미한다.

조건반사의 존재는 전등이 켜지면 그 뒤에 반드시 먹이가 나타난다는 새로운 법칙을 뇌가 이해했다는 것을 뜻한다. 이렇게 되면 뇌는 타액선에 작업을 시작하라는 지령을 내리고 입 속에 먹이가 들어올 수 있도록 준비시킨다. 물론 조건반사는 식이반사뿐만이 아니다.

가령 벨을 울린 다음에 전기 쇼크를 개의 발에 주는 실험에서도 동일하게 나타난다. 이 실험도 몇 번 반복하면 벨소리만 울리고 전기 쇼크는 하지 않았는데도 개의 발은 오므라든다. 이와 같은 방법은 다른 종류의 조건반사에서도 형성된다. 즉 소리나 빛, 냄새, 피부의 자극 등 여러 가지 자극이 사용된다. 조건반사의 중요한 특징은 그것이 일면에서는 생리적인 현상, 즉 일반적으로 말하면 반사라는 것이지만 다른 한 면에서는 심리적인 현상, 즉 간단한 심리적 반응이라는 점이다.

학습 이론과 조건반사

그런데 파블로프의 발견이 획기적이었다는 것은 적당한

방법을 쓰기만 한다면 천성적으로 아무런 관계도 없던 자극과 반응이 새롭게 '연합'이 될 수 있다는 점이다. 파블로프의 위대한 발견은 바로 이 점에 있었다. 그것을 학습의 일종이라고도 한다.

학습이라는 것은 원래 구비되어 있지 않던 반응이나 행동이 생겨난 후에 비로소 얻을 수 있는 것이기 때문이다. 파블로프의 조건반사가 끼친 영향은 매우 컸다. 그중의 하나는 학습의 과학적 연구의 길을 열어놓았다는 점이다. 조건반사에서는 자극과 반응을 객관적으로 나타낼 수가 있고 실험을 실시할 수도 있다. 그래서 조건반사의 연구는 미국의 심리학자들을 중심으로 널리 실시되면서 오늘날에는 많이 알려진 학습 이론으로 발전하게 된 것이다.

또한 조건반사는 동물에게 있어 주변 환경의 법칙성을 인식하게 하는 데도 매우 중요한 역할을 했다. 그것은 조건반사의 도움으로 자기 주변에서 일어나는 일에는 어떤 법칙이 있다는 사실을 알게 한다는 말이다.

예를 들면 들판에서 까치의 울음소리를 들은 여우는 급하게 숲 속으로 숨는다. 그것은 여우가 까치의 울음소리를 불안스러운 소리로 느꼈기 때문이다. 까치는 어떤 낯선 동물이나 사람이 나타나면 그런 울음소리를 지른다. 그것을 알고 있는 여우나 다른 동물들은 어딘가 가까이에 사람이나 커다란 육식동물이 있다는 것을 느끼는 것이다.

까치는 언제나 위험을 느낄 때 깍깍 울어댄다. 이렇게 까치의 울음소리는 여우나 다른 동물들에게 있어서는 자기 방어를 위한 자극을 일으키는 조건반사가 되었던 것이다. 이와 같이 조건반사는 주변 세계의 법칙성을 매우 정확하게 반영하고 있다. 그 까닭은 동물에게 있어 한번 획득한 지식은 실제의 생활 현장에서 언제나 확인됨으로써 정확해지고 또 필요한 수정도 가해질 수 있기 때문이다.

만일 현실적으로 일치하지 않는다면 그것은 즉시 제거되고 불필요해진 조건반사는 소멸되고 만다. 가령 전등이 켜졌는데도 먹이가 주어지지 않았다면 조건 자극인 전등의 빛이 비친다 해도 더 이상 개는 타액을 분비하지 않게 되는 것이다. 즉 개는 즉시 상황의 변화를 인식하게 되고 타액의 분비를 적게 하다가 마침내는 멈추고 만다.

자연계에서도 이런 일이 일어난다. 밭을 달리는 트랙터의 엔진 소리가 들리면 새들은 쉽게 식이 조건을 자극시킨다. 그 소리를 듣자마자 많은 새들이 날아와서 곡식을 수확하고 난 다음의 밭에서 움직이고 있는 곤충을 잡아먹을 수 있기 때문이다. 그러나 도로 건설에 사용되는 불도저에 대해서는 처음에는 모여들었으나 그곳에 먹이가 없다는 것을 알게 된 후로는 조건반사가 급격히 소멸된다. 물론 모여들지도 않는다. 그러니까 새들은 트랙터와 불도저 소리의 차이를 구별하게 되고 불도저에는 더 이상 주의를 기울이지 않게 된다.

조건반사의 연구에 무관심한 사람들은 이러한 조건반사와 같은 간단한 현상이 동물의 복잡한 심리적 행동이나 더욱이 사람의 심리를 지배하는 어떤 사태가 일어나리라고는 전혀 생각할 수 없었을 것이다.

조건반사와 연쇄

조건반사에는 간단한 것도 있고 복잡한 것도 있는데, 중요한 것은 조건반사가 길게 연쇄되어 있다는 사실이다. 즉 하나의 조건 활동의 끝은 다음 조건의 반사 활동을 위한 신호가 되어 그것을 일으키는 원인이 되어 있다는 점이다. 이러한 조건반사 활동의 연쇄 작용의 예를 알아보자.

한 침팬지가 울안에서 손이 닿지 않는 곳의 오렌지를 보았다. 마침 울안에 파이프가 두 개 있는 것을 발견했다. 물론 침팬지는 파이프 한 개를 가지고 오렌지를 끌어당기려 하지만 그곳에 닿지 않는다. 그러다가 우연하게 두 개의 파이프를 연결하게 된다.

이와 같이 우연하게 파이프를 연결하게 된 침팬지에게는 대개의 경우 파이프를 연결하는 조건반사가 형성된 것이다. 이것이 조건반사의 처음 연쇄이다. 그 다음에 침팬지가 자기 손으로 만든 '노동 기구'인 파이프를 사용하여 오렌지를 끌어당겨야 한다. 이처럼 끌어당기는 일이 조건반사의 새로운 연쇄를 실행하는 제2의 연쇄가 된다. 그것이 안 되면 그는 아침 식사를 못하게 된다.

물론 처음에는 많은 시행착오가 있게 마련이지만 많은 실패 끝에 성공한다. 그러한 시행착오를 통해 행동의 반사와 그 순서, 그리고 조건반사의 연쇄 형태가 침팬지의 뇌에 기억된다. 이렇게 되면 침팬지는 형성된 조건반사의 덕택으로 오렌지를 얻는다는 과제를 쉽게 해결할 수 있는 것이다.

그러니까 파블로프의 발견은 적당한 방법을 사용하면 원래 아무 관계도 없던 자극과 반응이 새롭게 결합할 수 있다는 것이다. 우리의 아이들은 침팬지보다 더 많은 조건반사를 겪으며 성장한다. 물론 대개는 모방으로부터 시작한다. 즉 어른들의 행동을 보고 자기도 시행해 본다. 그런 것을 모방조건반사라고 한다.

아무튼 아이들은 많은 행동을 관찰할 기회가 있다. 그리고 만들어진 많은 조건반사를 자유롭게 조작하여 그것들을 엮어서 여러 가지 연쇄를 만든다. 즉 뇌가 발달하는 것이다. 이와 같은 사실을 우리가 알게 된다면, 아이들이 어렸을 때부터 자기 주변의 것들을 가지고 노는 것이나 장난하는 모든 것들이 아무런 뜻도 없는 것이라고 여기고 그 노는 일(학습)을 못하게 하는 일이 얼마나 잘못된 일인지를 깨닫게 될 것이다. 참으로 어린이들의 무한한 성장 발달을 위해 그들에게 많은 자극을 주는 일은 절대 필요하다.

그런데 우리가 살아가는 동안에 많은 것들이 스쳐 지나간다. 즉 일시적으로 일어난 일들이 많다. 그 일시적인 것들을 우리가 이용할 줄 알아야 한다. 이렇게 이용하는 것을 바로 '일시적인 결합'이라는 말로 표현한다. 우리가 학습하는 모든 것, 즉 아이 때부터 듣게 되는 말부터 시작하여 물리학 또는 고등수학의 법칙에 이르는 모든 것들, 그리고 일생 동안에 축적된 지식의 전부는 이 일시적인 결합의 도움이었다고 해도 지나친 말은 아닐 것이다.

따라서 앞으로 우리가 해야 할 수많은 일도 역시 우리의 뇌 속에서 형성되는 무수한 일시적 결합의 도움이 없이는 안 된다. 참으로 우리는 이 도움을 잘 포착하여 활용해야 할 것이다. 그런 점에서 "모든 뇌 활동의 기초가 되는 것은 조건반사의 원리"라고 말한 파블로프의 말은 뜻이 있다. 확실히 파블로프의 발견은 현대과학의 큰 성과 중의 하나였다.

거짓말 탐지기와 내장

사람의 감정은 근육과도 관계가 있으나 내장과는 더욱 깊다. 그래서 그 사람의 참뜻을 알려면 내장에 주의를 기울이라는 말이 있다. 그러나 그렇게 쉽게 알 수야 없지 않느냐고 할지 모르겠으나 그렇지가 않다. 가령 눈동자(동공)를 생각해 보자. 이것도 역시 내장인데, 그것이 크게 열려져 있을 때는 분노하고 있을 때(투쟁반사)라고 추측할 수 있다. 또 혈관도 내장인데, 분노하고 있을 때는 근육에 혈액을 보내기 위해 피부의 혈관이 수축하고 있는 것이다. 그래서 얼굴이 창백해진다.

이런 것들을 이용하여 거짓말 탐지기가 발명되었다. 즉 기계를 사용하여 내장의 변화를 더 상세하게 추구하려고 한 것인데, 그중에서도 가장 많이 알려진 것은 피부전기반사(GSR)라고 하는 것이다. 이것은 손바닥과 맥박 뛰는 곳에 전극을 대고 있으면 거짓말할 때 그 어간에 전위의 차이가 생겨서 흐르게 된다. 그러니까 거짓말을 하면 손바닥에 땀이 분비되므로 그때 활동 전위가 일어난다는 것이다.

땀이 나는 것을 정신성 땀이라고 하는데 더울 때 나는 온열성 땀과는 다르다. 즉 손바닥에는 정신성 땀만이 난다. 손에 땀을 쥔다는 말도 그래서 생겨난 말이다. 그러나 밤낮 거짓말만 하는 사람이라면 그런 반응이 나타나지 않을 수도 있을 것이다. 근래에는 심장과 호흡 등의 변화도 동시에 기록하여 관찰할 수 있게 되어 있다.

13. 건강을 유지하는 뇌

뇌에도 영양이 필요하다

인체 내에서 뇌처럼 에너지를 많이 소비하는 기관도 없다. 그래서 뇌를 가장 사치스러운 생활을 하는 기관이라고 한다. 그런데 실은 그것도 그럴 만한 것이 그 구조의 복잡성과 활동의 치밀성, 그리고 역할의 중요성을 본다면 무리도 아니다. 이제 그 사치가 어떤 것인지 그것을 증명해 주는 데이터를 보자.

뇌의 무게는 체중의 약 2%에 불과하나 뇌에서 소비되는 산소는 온몸에서 소비되는 양의 20%이다. 만일 혈액을 통해 뇌에 보내는 산소의 공급이 10초 동안만 중단되어도 의식이 없어지고 뇌사 상태에 빠지고 만다. 이러한 소비량의 관계에 대해 6세 아이를 통해서 조사해 보면 이해하는 데 도움이 될 것이다.

아이의 뇌 무게는 체중의 약 6%인데 혈류량이나 산소 소비량은 전체의 50%를 차지한다. 그러므로 아이들의 뇌 구조나 활동이 얼마나 활발하게 이루어지고 있는지 알 수 있다. 또 뇌 속에 포함되어 있는 포도당의 예비량도 40초면 없어지고, 산소는 불과 10초면 소비되어 버린다. 그러니까 뇌가 살아가기 위해서는 끊임없이 혈액을 통해 산소나 포도당이 운반되어 산화가 행하여지지 않으면 안 된다.

이제 뇌의 발달과 영양의 공급 관계를 구체적으로 알아보자. 태아기에 뇌가 발달하면서 자연스럽게 신경세포가 증가한다. 이것은 신경세포가 분열한다는 말인데, 그것이 계속 분열하여 출생 때 끝나며, 그 수는 140억이라고 한다. 그러고 나서 뇌가 점점 더 무게가 증가하는데, 그때는 신경세포의 수가 증가하는 것이 아니라 수상돌기와 축색돌기 등의 가지를 치는 일과 글리아 세포가 신경세포에 껍질(수초)을 씌우는 일을 함으로써 증가하는 것이다.

이때 필요한 것이 지질(脂質)이다. 그런데 지질에는 코레스톨이 포함되어 있다. 흔히 코레스톨은 비만과 심장 질환의 원인이 되는 것이므로 백해무익이라고 생각하고 있으나, 사실은 태아 시기와 최초의 성장 시기에 없어서는 안 되는 중요한 물질이다.

코레스톨은 세포막을 만드는 원료가 되고, 또 신경세포의 수초(껍질) 재료도 되는 물질이다. 사람의 뇌를 계측해 보면 약 40%가 단백질이다. 그런데 지질의 비율은 약 50%이고, 단백질보다도 우위에 있다. 이 한 가지 사실만으로도 뇌에 대한 지질의 중요성을 인식할 수 있다. 특히 수초에서는 중량의 비율이 약 90%에 달하고, 그중의 50%가 코레스톨이다.

그런데 재미있는 것은 이 지질이 그대로 뇌에 들어가느냐 하면 그렇지 않다. '혈액·뇌장벽'이 통과시켜 주지 않기 때문이다. 그래서 다른 방법을 쓴다. 이 방법은 다음에도 자주 나오게 되는데, 바로 다른 물질과 합성하는 방법이다. 그러니까 '혈액·뇌장벽'을 통과하기 위해 위장전술을 쓰는 것이다. 즉 다른 물질과 합작하여 다른 물질처럼 가장해서 '혈액·뇌장벽'의 눈을 속이고 장벽을 통과하는 방법이다. 그 합성 물질이 무엇인가 하면 바로 '포도당'이다.

다음으로 뇌에 필요한 것은 단백질이다. 단백질이 뇌에 어떻게 필요한가를 알아보면, 신경전달물질을 받아들이는 수용체가 바로 단백질로 되어 있고, 신경전달물질의 합성 소재를 만드는 데 필요한 효소류가 모두 단백질이다. 또한 나트륨, 칼륨, 칼슘 등 이온의 도입도 필요한데, 그것들의 진입로가 되는 통로도 단백질로 되어 있고, 포도당이나 각종 아미노산이 '혈액·뇌장벽'을 통과할 때 필요한 승용차 역할도 역시 단백질이다. 또한 세포의 수초나 그 밖의 물질도 단백질이기 때문에 단백질의 중요성은 헤아릴 수 없이 많다.

자연계에 있는 단백질의 종류는 수없이 많지만, 그 대부분은 불과 20종류의 아미노산으로 이루어져 있다. 그중의 약 절반인 11종류의 아미노산은 인체 안에서 합성되고, 나머지 9종류는 반드시 음식물을 통해 받아들여져야 한다. 그래서 이것들을 '필수 아미노산'이라 부르고 있다.

여기서 또 한 가지 첨부하고 싶은 것은 요즘 단백질은 동물성보다는 식물성이 좋다고 해서 식물성 단백질을 찾고 있는데, 식물성 단백질에는 필수 아미노산이 포함되어 있지 않은 것도 있다. 그래서 필수 아미노산을 모두 충당하기 위해서는 동물성 단백질도 필요하다고 영양학자들은 말하고 있다. 특히 아이들을 양육하는 부모는 이 점을 기억해야 할 것이다.

만약 동물성 단백질을 전혀 먹지 않는다면, 뇌의 장애가 오고 신체 발육에도 나쁜 영향을 준다. 특히 임신 6개월경에 신경세포가 왕성하게 분열되는 시기는 더욱 그러하다. 단백질이 부족하면 신경세포의 분열이 늦어지기 때문이다. 즉 신경세포의 수가 적어진다는 것이므로 결국 머리가 작아지는 현상이 나타난다. 그것은 뇌 뿐만 아니라 다른 세포, 즉 생체 전체에 영향을 주므로 결국 저항력이 약한 사람이 되는 것이니 얼마나 무서운 일인가.

그러면 아미노산의 나머지 절반(9종류)은 먹지 않아도 되는가? 그렇지 않다. 역시 그것도 먹어야 한다. 그 많은 것들을 어떻게 구해서 먹느냐고? 그러나 걱정할 것 없다. 뇌에 필요한 단백질의 원료는 두부, 야채, 된장 등 우리가 흔히 먹는 식단 속에 풍부하게 포함되어 있기 때문이다.

그러나 단백질을 그토록 필요로 하고 있는 뇌도 외부로부터 공급되는 단백질의 대부분을 '혈액·뇌장벽'이라는 방패로 그리 쉽게 통과시키지 않고 있다. 참으로 안타까운 일이다. 그래서 결국 뇌는 부득불 자신이 필요로 하는 단백질을 자기 자신의 힘으로 아미노산으로부터 합성시키고 있는 것이다. 여기서도 앞에서 말한 지질과 함께 포도당의 도움을 받아야 한다.

다음에 필요한 것은 당질(糖質)인데, 흔히 말하는 포도당이다. 실은 뇌에 공급하는 유일한 에너지원이다. 그런데 일단 사용된 포도당은 이산화탄소와 물로 변하여 몸 밖으로 나가 버린다. 그리고 다시 재생되지 않는다. 보통 포도당은 인체 내에 흡수되면 글루코스로 변화되어 간장이나 근육에 저장된다. 물론 뇌에도 저장이 안 되는 것은 아니지만, 그 양은 뇌 중량의 겨우 0.1%에도 미치지 못한다.

이렇게 되니까 뇌는 어떻게 해서라도 포도당을 계속 보급받을 수 있도록 대책을 세우지 않으면 안 된다. 그래서 혈액에 포함되어 있는 혈당(포도당)이 그 역할을 담당해 주고 있다. 혈당은 혈액 1데시리터에 대해 대략 100밀리그램 정도가 포함되는데, 이 값(혈당치)은 언제나 일치한다. 아무튼 뇌는 필요한 에너지를 혈액에서 취하고 있다.

만일 혈액이 뇌에 흐르지 않으면 어떻게 되는가? 당연히 에너지 결핍이 되어 뇌세포는 살아갈 수가 없다. 가령 뇌로 흘러 들어가는 혈액의 흐름을 3분간만 중단시켜도 신경세포의 파괴는 심해지고 원상복귀가 어려워진다. 어마어마한 양의 정보량을 가진 뇌도 포도당이 있기 때문에 뇌 구실을 할 수 있는 것이다.

그런데 포도당은 유감스럽게도 사용 후에는 다시 이용할 수가 없다. 거기다 저장 능력도 매우 낮다. 그러므로 뇌혈관이 계속 혈액을 운반하여 혈당을 공급해 주는 일이 절대 필요하다. 그 밖에 비타민(그중에서도 비타민 B)과 칼슘도 없어서는 안 될 영양소이다. 비타민 B는 신경전달물질 아세틸콜린의 원료이다. 또한 비타민은 도파민과 같은 신경전달물질을 합성하는 효소에도 필요하다. 비타민 B는 마늘에 많이 포함되어 있다.

뇌의 3대 영양소는 결국 당질, 지질, 단백질이다. 거기다 비타민 B, 칼슘, 탄수화물 등을 밸런스 있게 먹으면 된다. 우리의 뇌는 하루에 500칼로리를 소비하는 대식가이다. 이것은 신체 중에서도 근육 다음 가는 소비량이다. 그래서 뇌를 편식가요 동시에 대식가라고 한다. 또 뇌는 다른 장기와는 달리 에너지의 근원으로 포도당만을 이용하고 있는 것이다.

뇌간의 소리를 들어라

뇌간과 그 주변에 있는 뇌를 파충류뇌라고 한다.(제1장 삼위일체의 뇌 참조). 여기서는 보통 뇌간이라고 부르고 있는데, 정확하게는 척수, 연수, 교, 중뇌 등이다. 한마디로 뇌는 생존에 절대 필요한 기관이다. 동물이 생존을 계속하는 데 불가결의 뇌라고 말해지는 이유가 여기에 있다. 즉 호흡, 식욕, 배설, 수면, 종족 보존 본능과 같은 생리적 기능 외에 자기 방위 본능이나 쾌감과 같은 사령탑이 여기에 있다.

결국 뇌간부는 '자기 정상화 기능'을 충분히 발휘시키는 '컨트롤 센터'인 셈이고, 건강 유지라는 관점에서도 매우 중요한 곳이다. 상징적으로 말하면 생명이 깃드는 장소이다. 그래서 보통 뇌간을 '생명의 뇌'라고 한다.

그러나 여기에는 '정신'이라는 것은 없다. 즉 마음과는 상관이 없는 순수한 생명을 다스리는 곳이다. 앞에서 설명한 바와 같이 심장, 위, 장과 같은 활동, 체온 등 신체의 생명을 보장하는 일을 관장하는 곳이다. 가령 뇌에 상처가 생겨 신피질이나 구피질이 깨어졌다 해도, 뇌간이 건재하다면 생명에는 지장이 없다. 즉 죽지 않는다.

반대로 머리의 표면, 즉 대뇌피질 등에는 별로 고장이 없으나 이 뇌간이라는 장소가 아주 작은 바늘 같은 것으로 찔려 출혈이 있었다고 하면 그것만으로도 즉시 심장이 멎거나 혹은 호흡이 멈추어지는 일이 일어난다. 즉 뇌간이라는 장소는 우리의 생명을 보장하고 있는 내장의 활동을 지배하는 곳이다.

뇌간의 소리를 들으라고 표제를 붙였으므로 그와 관련된 이야기를 해야겠다. 많은 사람들은 암에 대해 관심이 대단하다. 암도 조기에 발견하면 치료에 많은 효과를 거둘 뿐만 아니라 완치할 수가 있다. 그러나 그것이 그렇게 쉽지 않다. 대개의 경우 다른 병으로 병원에 갔다가 우연하게 발견되는 경우가 많다. 이렇게 '조기 발견의 가능성'도 있으나 그 발견이 완전한 효과가 있다고 확언할 수 없는 경우도 있다. 그것은 무엇을 말하는가?

가령 검진할 때는 암의 징조가 없었는데, 검진 직후에 걸려 진행이 늦은 암이라면 몰라도 빠르게 진행되었다면 때를 놓칠 수도 있다. 또 조기 암의 발견에는 꽤 많은 기술이 필요하다. 즉 엑스레이 사진이 잘 찍혀야 하고, 또는 진찰 능력의 기술도 있어야 할 것이다. 진행이 많이 되었다면 즉시 발견되겠지만, 아주 초기이면 놓치는 경우도 많다고 한다. 그래서 암의 조기 발견은 그리 쉬운 일이 아니다.

그러면 암의 조기 발견은 어려운가? 그렇지만도 않다. 조기 발견의 방법도 있다. 그것은 바로 '뇌간'의 소리를 듣는 일이다. 뇌간은 마치 사람마다 갖추고 있는 지진계와 같다. 우리 몸 안에서 일어난 이변에 대해 정보를 아주 세밀하게 감지하고 수집하는 능력이 있다. 그 데이터의 의미를 어떻게 받아들이냐에 따라서 뇌간의 소리를 들을 수 있는 사람과 그렇지 못하는 사람이 나타난다.

어떤 의사가 자기 부친의 사망에 대해 기록한 글을 본 일이 있다. 그는 경제학자였는데 매우 정력가였다고 한다. 연구할 일이 있을 때는 잠도 안 자고 이틀씩이나 버티면서 글을 쓰는 사람이었는데, 어느 날 글을 쓰다가 새벽 3시경에 "오늘은 좀 상태가 좋지 않은데…" 하고 침대에 들었다. 아침 8시에 가슴이 가쁘다고 하여 부인이 구급차를 부르려고 했더니, 그는 "뭐 그렇게까지 할 필요는 없다"며 말리는 것이었다. 부인이 택시를 부르려고 전화기를 들자, 그는 "얼굴도 씻지 않고 이도 닦지 않았다"면서 세면장으로 갔는데, '윽' 하는 소리가 들려 부인이 달려갔더니 벌써 심장이 멎었다고 했다. 심근경색증이었다. 의사는 말하기를 "부친은 실체감증(失體感症)적인 생활 방식의 사람이었다"고 했다.

'실체감증'은 자기 몸에 이상이 있다는 소리, 즉 뇌간이 하는 소리를 듣지 못하는 사람, 그러니까 뇌간으로부터의 신호를 차단시키고 살아가는 타입을 말한다. 그런데 이런 사람이 의외로 많다. 심근경색증과 같이 직접 생명에 관계되는 병에는 '전조'(前兆)가 있다고 한다. 예고, 즉 조짐이 있는 것이다. 그러니까 어떤 초기 증상이 있다는 것이다. 그 신호를 무시해 버리면 안 된다.

병의 전조는 생명이 살아가는 본능 또는 삶의 감도라고 말할 수 있다. 삶의 감도, 즉 센서가 무엇인가 하면 바로 '뇌간'이다. 우리가 생활하면서 "몸이 좀 이상한데…"라고 느낄 때가 있다. 그때가 바로 뇌간이 보내는 황색 신호라고 느껴야 한다는 것이다. 우리의 식생활, 스트레스, 또는 잘못된 생활 방식 등이 모두 관련될 수 있다.

어떤 의사는 말하기를, 요즘 검사기기가 많이 쏟아져나와서 의사들을 오히려 잘못되게 만들고 있다고 했다. 옛날에는 시골 병원에 가면 "어디가 아파요?" 하고 얼굴색부터 살펴본다. 그러나 도시의 젊은 의사들은 안색은 살피지도 않고 검사부터 시킨다. 검사 결과 이상이 안 보이면, "아무 이상이 없습니다" 하고 끝내 버린다. 분명히 내 몸이 좋지 않아서 병원을 찾았는데도, 의사는 이상이 없다고 한다. 그러면 내 몸의 상태를 내가 모르는가? 아니다. 내 몸에 이상이 있다는 것을 내가 알고 있고, 그것을 뇌간이 지적하고 있다는 것을 우리는 잊지 말아야 한다.

요즘 스트레스라는 말을 많이 쓰는데, 스트레스란 비뚤어진 것, 일그러진 것, 즉 비정상이라는 뜻이 있다. 우리의 생활 방식이 옳지 못하면 인생 그 자체가 비뚤어진다. 물론 그 영향은 심장에 오고 신체에 미친다. 여기서 강조하고 싶은 것은 인간의 뇌 중에서 다른 동물과 달리 만물의 영장이 되게 한 뇌, 즉 대뇌신피질이야말로 가장 귀중한 뇌, 지식과 사고력을 지니고 행사하는 그야말로 인간답게 살게 하는 뇌라는 관념을 깨뜨려야 한다는 것이다. 따지고 보면 신피질은 결코 완전한 뇌가 아니다. 여기에 비해 뇌간과 구피질이야말로 완전한 뇌라고 할 수 있는 것이다.

지금까지의 교육은 이렇게 그릇된 관념으로 신피질의 발달에 전력을 기울였고, 지성 만능주의, 이성과 지육의 편중 등으로 이끌어 왔다. 그 결과는 뇌간의 소리를 듣지 못하는 인간들이 생겼고, 결국 생명력의 쇠퇴를 가져오는 현대병의 만연으로 나타나고 있는 것이다.

그러므로 이제 우리는 '뇌간의 힘'을 정당하게 평가할 때가 된 것을 알아야겠다. 기본적으로 나는 인간으로서 살아갈 수 있는 본래부터의 능력을 지니고 있고, 또 그것을 잘 일깨워주는 것은 바로 나 자신, 즉 나의 신체(뇌를 포함하여)라는 확신을 가지고 있어야 한다. 그런 나를 충실하게 일깨워주는 뇌, 원시적 뇌인 뇌간의 소리를 차단하는 반대의 신호는 잡된 신호이며, 그것이 바로 돈과 명예, 권세라는 인간의 욕망이다. 그것들을 하루 빨리 제거해 버릴 때만이 우리 인간 본연의 모습으로 돌아가는 것이다.

뇌와 다이어트

요즘 여성들의 다이어트에 대한 생각은 남성들로서는 이해하기 힘들 정도이다. 한마디로 다이어트를 하는 여성들은 거의 필사적인 것 같다. 그런데 그것이 그리 쉽지 않은 모양이다. 성공 사례가 많지 않기 때문이다. 그러면 왜 그것이 어려운가?

뇌의 기능을 통해 살펴보자. 우선 우리가 알아야 할 것은 뇌 자체에 사람의 체중을 설정해 놓고 그것을 유지하려는 영역이 있다는 것이다. 그곳이 어딘가 하면 시상하부이다. 시상하부가 설정한 체중을 유지하려고 먹는 것, 마시는 것 등을 통제하면서 칼로리 소비를 조절한다.

사람이 체중을 줄이기 위해 다이어트(식사 조절)를 하는데 처음에는 매우 쉽다. 그러나 나중에 가서는 여간 어려운 일이 아니다. 그 까닭이 어디 있는가 하면, 뇌가 체중을 면밀히 조절하고 있기 때문이다. 그래도 성공해 보겠다는 여성들의 노력은 참으로 처참할 정도이지만, 그 결과 거식증이나 과식증이 되는 여성들도 적지 않은 것 같다. 결국 이 말은 살을 빼야겠다는 강박관념이 도리어 살을 찌게 하는 결과가 될 수도 있다는 이야기이다.

뇌의 시상하부에는 만복을 느끼는 '만복중추'와 공복을

느끼는 '섭식중추'가 있어 이 둘이 식욕을 조절하고 있다. 그러니까 모든 동물은 이 2개의 중추로부터 나오는 신호에 의해 본능적으로 먹기도 하고 중단하기도 하는 것이다. 그러나 사람은 그렇게 단순하지 않다. 중추는 다시 대뇌신피질의 연합영역과 밀접하게 연결되어 있어 실제로 먹는다는 행위를 지배하고 있는 것은 대뇌이다.

살을 빼야겠다는 소망이 생기면 대뇌(마음)는 그 소망을 들어주려고 행동한다. 즉 협력을 해주고 있다. 그래서 섭식중추의 활동을 억제시켜 버린다. 그러니까 사람은 그때 먹지 않아도 아무렇지도 않다.

그러나 시상하부는 비록 대뇌가 명령을 내려 먹는 행위를 중지했지만 시상하부(몸) 자체는 불만이다. 건강을 위해서는 식사가 필요하기 때문이다. 그래서 끊임없이 마이너스 신호를 보낸다. 결국 그것은 몸과 마음의 실조(失調)를 일으키게 되고, 최악의 경우이지만 생명의 위험까지 이르게 될 수도 있다. 그러니까 과도한 억제는 신체의 항상성을 유지하려는 기능을 깨뜨려 버리는 결과를 가져올 수 있다는 사실을 잊지 말아야 한다.

마음은 원하지만 육체는 그대로 따르지 못하는 것이 신체의 기능이다. 그러니 뇌의 식욕 조절을 거부하는 다이어트는 성공하기가 힘들다는 것이다. 그래서 어떤 사람은 말하기를, "세 끼를 잘 먹는 사람이 결과적으로는 다이어트에 성공한다"고 했다.

실제로 최근의 보고에 의하면 장수하는 사람은 나이와

신장에 관계없이 약간 살이 쪄 보이는 사람, 즉 표준 체중을 어느 정도 초과한 사람이라는 것이다. 사람은 나이와 더불어 이상적인 체중을 증가시키고 있다. 그것은 뇌가 자동적으로 조절하고 있는 것이므로 약간 살이 쪘다 해도 결코 불리한 것이 아님을 알 필요가 있다.

여성은 추위에 강한가

많은 사람들, 특히 남성들은 추운 겨울에도 젊은 여성들이 스타킹 하나만으로 다니는 것을 보고 "대단하다. 이 추위에 어떻게 견딜까?" 하며 혀를 찬다. 어떤 남자들은 여성은 둔감한 존재라고 말하기도 하지만, 그것은 실례의 말이다.

원래 피부의 온도 감각이란 남녀 모두 같다. 똑같은 조직이기 때문에 같은 감도를 가지고 있다. 따라서 여성의 지방도 추위를 느끼지 않을 정도로 두꺼운 것은 아니다. 그러므로 "여성은 둔감하다"는 말은 잘못된 말이다.

그러면 무엇이 여성으로 하여금 얇은 스타킹 하나로 추위 속을 걸어다닐 수 있게 하는가? 대답은 복잡하지 않다. 여성들이 강한 것은 순전히 의지 때문이다. 즉 아름답고 멋있게 보이겠다는 의지가 강하다는 말이다. 추위를 견딜 수 있는 힘은 여성들의 강한 의지 때문이다. 의지의 힘은 춥다는 감각도 뛰어넘을 수 있는 것이다. 물론 남성도 마찬가지여서 여성만의 특기는 아니다. 냉수마찰이나 등산가들을 보면 알 수 있다.

러시아에서 시작된 무통분만이 가능했던 것은 "아기 낳는 일은 별로 아픈 것이 아니다"라는 암시가 그런 효과를 가져왔다고 한다. 아프다고 생각하지 않으면 견딜 수 있다는 생각이다. 감기도 마음먹기에 따라서 달라질 수 있다.

사용하지 않는 기관은 퇴화한다

이것은 생물학의 철칙이다. 옛날 어떤 학자는 될 수 있는 한 조용하게 잠만 자고 있으면 쓸데없이 에너지를 소비하지 않아도 될 뿐만 아니라 오래 살 것이라고 믿었다. 그래서 그는 실천에 옮겼다. 그런데 제일 먼저 다리가 쇠약해지고, 나중에는 심장의 활동까지도 약해져서 장수는커녕 단명으로 끝났다는 이야기가 있다.

우주 비행사들의 말에 의하면 무중력의 우주 공간에 가면 무엇을 하든지 별로 신체적으로 힘이 들지 않고 편할 것이라고 생각했는데 그렇지가 않았다는 것이다. 그들이 우주에서 며칠 동안 체재한 후 지구상에 돌아왔는데 얼마 동안은 바르게 서는 일이나 걷는 일도 할 수가 없었다고 한다. 이것으로 무중력 상태에서도 활동을 안 하면 다리가 쇠약해진다는 사실을 알 수 있다. 결국 인간은 중력에 거슬려 직립하여 걸음으로써 비로소 다리나 몸 전체가 건강해지는 것이다.

사람의 경우는 걷는다. 달린다는 것은 움직이기 위한 수단이다. 그런데 당연한 이 일을 사람들은 잊어가고 있다. 뇌도 커졌다. 하지만 수고를 아끼지 않았던 다리를 못 본 체하면서 뇌만을 혹사하기 시작했다. 즉 걷지 못하는 인간들이 많아졌다는 말인데, 인간의 장래에 일말의 불안감을 느끼게 하는 일이 아닐 수 없다.

오늘날 젊은이들은 조금만 걷고도 "걷는 것이 싫다"고 한다. 될 수 있는 대로 자동차를 이용하여 편안하게 살아가려는 마음이다. 이것은 '걷는다'는 감각을 잊어버리려는 어리석은 행동이다. 지금 우리의 신체 기관이 많이 퇴화되고 있다. 시력이 약해지고 있고, 체온 조절도 잘 못하고 있다(냉·온방 장치로 자연의 윤택한 혜택을 거부하므로). 딱딱한 음식물을 못 씹고, 듣는 청력도 떨어지고 있다. 물론 후각 도 약해졌고, 사랑니(씹는 능력)도 약해졌다.

문명은 사람의 육체를 나약하게 만들고 있다. 그러면 정신은 어떻게 되고 있을까? 불면증, 소식증, 과식증, 불안증, 신경증, 우울증, 히스테리 등 이런 것들은 모두 문명으로 인해 발달한 세상에 사는 인간들의 자기 붕괴의 현상이라고 보아야 하지 않을까?

어떤 과학자가 한 말이 있다. "인간은 이제 돌아갈 곳이 없다." 그래서 그는 외치기를, "옛날로 돌아가자. 자연으로 돌아가자. 걷기도 하고, 옛날 생활로 돌아가자"고 했다. 그래야만 신체가 건강해지고, 동시에 뇌도 건강해질 수 있다는 것이다. 음미해 볼 만한 말이 아닐까? 사용하지 않는 기관은 퇴화하기 때문이다.

뇌의 노화와 예방

사람은 모두 노화한다. 늙는다는 것을 부정할 사람은 아무도 없을 것이다. 120세까지 살 수 있다는 말이 있으나 그런 사람은 아주 적은 것이 사실이고, 100세를 넘는 사람도 예나 지금이나 흔하지 않다. 그러고 보면 현대인의 건강 관리와 사회적인 여러 조건의 향상이 장수하는 사람의 숫자를 증가시킨 것이라고 보아야 할 것이다.

연령에 관계된 변화의 패턴은 기능 손실이 내분비계의 조절에서 가장 뚜렷하다. 다음은 면역계의 기능 저하로 50세 이후에는 감염에 의한 사망이나 암 발생 등이 많아졌다. 노화 과정은 신경계에도 영향을 미쳐 활동전위가 말초신경섬유로 전달되는 속도가 30세 이후부터 완만하게 저하되었다. 따라서 나이 든 사람들은 일상생활에 시간이 많이 걸리게 되었다.

나이를 먹으면 피부의 싱싱함이 없어지고, 탄력이 나빠지며, 주름살이 많아질 뿐만 아니라 뼈나 동맥도 굳어진다. 뇌의 노화 중에서 가장 중요한 것은 신경세포의 감소이다. 그로 인해 노인의 뇌 중량이 최대 중량으로부터 100~150g 정도 가벼워진다.

그러나 노인의 지능지수에는 별 변동이 없는 경우도 있다. 사실 80세가 되어서도 활동하고 있는 정치가, 작가, 예술가들이 많이 있다. 하지만 나이가 들면 들수록 병에 걸리는 가능성은 많아진다. 그러므로 현대의 노인들에게 발생하는 노인병, 가령 알츠하이머병 같은 것에 걸리기 쉽다. 그 원인은 아직 확실하지 않으나 기분 나쁜 이 사실을 무시할 수는 없다. 치매라는 병은 노인들의 공포의 대상이기도 한데 불행히도 이것 또한 부정할 수 없는 사실이다. 물론 치료약을 찾기 위한 노력이 의약계에서 행하여지고 있으나 매우 어려운 모양이다.

치매는 왜 생기는가? 80세가 지나면 10명 중 1, 2명은 치매에 걸린다는 매우 가슴 아픈 보고가 있다. 이것은 노인 본인은 물론이고 돌보아주는 가족에게도 여간 고통스로운 일이 아닐 수 없다. 치매는 나름대로의 원인이 있겠지만 크게 알츠하이머형과 혈관형의 두 종류로 나눌 수 있다. 알츠하이머형은 일반적으로 신경세포의 파괴와 함께 신경세포에서 만들어지는 아세틸콜린이라는 화학물질의 감소로 인해 기억 장애가 일어난다고 하며, 또 유전자와의 관계도 지적되고 있다.

즉 신경세포가 죽거나 수상돌기가 현저하게 축소되어 시냅스가 감소되고 세포간의 정보에 장애가 생기며 뇌의 위축이 일어나게 되는데, DNA의 상한 부분이 회복되면 큰 장애는 없으나 그렇지 못할 때는 치매 증세로 발전하게 된다. 그리고 그 증세의 특징은 기억을 잊어버리는 것이다.

또한 뇌혈관성 치매증은 뇌의 동맥에 동맥경화가 생겨 혈액의 흐름이 나빠지거나 멈추어 버리는 데서 일어나는데 뇌경색의 원인이다. 뇌는 대량의 산소와 영양물을 소비하는 기관이므로 혈액의 흐름이 방해를 받으면 혈관이 지배하는 영역의 신경세포의 활동이 저하되든가 죽어 버린다. 이것은 조기에 발견되면 치료가 가능하다고 한다.

아무튼 치매병의 60%는 이러한 뇌혈관성이고, 알츠하이머성도 30% 정도이며, 나머지 19%가 이러한 것들의 혼합형이다. 오늘날 구미 각국에서는 알츠하이머형이 늘어나고 있는 추세이다.

신경 의학자들에 의하면 치매 등을 방지하기 위해서는 신경세포를 활동시켜야 한다는 것이다. 눈으로 많은 사물을 볼 것, TV나 책에 있는 글을 읽고, 바깥 세상의 소리, 라디오나 타인의 목소리, 그리고 물론 자기 자신의 목소리도 듣는다. 물건에 손을 대는 일, 즉 감각 정보를 젊었을 때보다 줄이지 말라고 한다. 말을 많이 하고, 손발을 움직이고, 꾸준히 걸으며 운동을 계속하는 것이 필요하다. 뇌의 모든 부분을 젊었을 때처럼 사용하는 것이 도움이 된다고 한다.

우리가 나이를 먹어서 뇌 활동이 줄어들었다고 느낄 때 보통 다른 사람의 이름이 기억나지 않을 경우가 많다. 그렇다면 그때는 그 사람의 이름을 큰 소리로 외운다든가 글로 적어 자꾸 외어보는 것도 한 방법이다. 그러기 위해서는 옛날에 있었던 일이나 관련된 사건 등을 연관시켜 기억해 보는 것도 한 가지 방법이다.

노화 방지에 필요한 방법들을 적어보겠다. 흔한 이야기 같지만 오늘날 수명 연장에는 세 가지 방법밖에 없다는 말이 있다. 첫째 차를 탈 때는 안전벨트를 꼭 맨다. 둘째 담배를 피우지 않는다. 그리고 셋째는 운동을 통해 체중의 증가를 방지하는 것 등이다. 음미할 만한 방법이다.

우리는 흔히 알려져 있는 건강법을 상식으로 해서 살아가며 또 활용을 많이 하고 있다. 그러나 그런 것들이 모두 나에게 꼭 맞는 것은 아니라는 사실도 알아야 한다. 그러니까 대부분의 사람들에게는 맞는 것이지만, 그것이 반드시 나에게도 적용된다고는 할 수 없다. 그렇지 않을 경우가 있기 때문이다. 즉 내 몸에는 그것이 맞지 않을 수도 있다는 것을 생각해 볼 필요가 있다.

건강한 뇌, 정신의학

우리의 뇌는 우리 신체의 건강을 위해 부단히 활동하고 있다. 뇌라고 하는 것은 원래가 몸을 움직이고 몸의 건강을 보존시키기 위해 존재하고 있는 것이다. 뇌의 감각계, 뇌신경세포나 그 밖의 말초신경계, 화학계, 제어계의 모두가 우리 신체에 어떤 문제가 일어나지 않도록 활동하고 있는 것이다.

영양학자의 글에서 본 것 중에, "아침 식사를 거르는 문제와 식사시간, 그리고 야식 증후군"이라는 주제가 있었는데, 매우 뜻 있는 문제라고 느꼈다. 요즘 아침 식사를 하지 않고 출근하는 직장인이나 학교에 가는 학생들이 많아지고 있다. 직장에 가서 커피 한 잔으로 아침을 때우는 직장인들의 모습도 자주 보게 된다.

미국에서의 아동영양실태조사 통계에 의하면 영양 불량

의 아동들 중에 아침 식사를 하지 않은 아동과 시중에서 판매되는 패스트푸드로 아침 식사를 대신하는 아동들이 많았다고 했다. 연구자들의 결론은 이들의 아침 식사는 1일 섭취량의 4분의 1에 불과하다고 지적했다.

우리의 몸은 오전 4시경, 즉 눈을 뜨기 몇 시간 전부터 신체의 활동을 지배하는 부신피질 자극 호르몬(ACTH)의 분비가 급격하게 상승하고 있어, 아침 식사 전까지 이미 대사 관련의 효소가 증가하고 있다는 것이다. 즉 몸도 뇌도 식사를 통해 영양의 보급을 받으려고 준비 및 대기하고 있을 때가 아침이다. 따라서 아침 식사는 하루 세 끼의 식사 중에서도 각별한 것으로 그 의미도 다른 시간대와는 전혀 다르다는 것이다.

그래서 미국에서는 "질과 양이 같다고 하더라도 하루 분의 음식을 하루 두번이나 또는 저녁 한 끼만으로 먹는 것은 세 끼 분의 영양을 보충하지 못한다"고 하여 하루 세 끼로 나누어 먹는 것이 영양에 도움이 된다고 했다. 더욱이 뇌의 활성화를 위해서도 아침 식사는 절대 필요하다는 것을 강조한 말이다.

아침 식사가 중요한 이유를 좀더 알아보자. 뇌는 우리가 잠을 잘 때도 활동하고 있으므로 깨어 있을 때와 같이 에너지를 소비하고 있다. 그런데 앞에서도 설명했듯이 뇌의 에너지는 간장에 저장되어 있는 글리코겐에 의존할 수밖에 없는데, 저장되어 있던 글리코겐은 이제 바닥이 나 있다. 따라서 꼭 필요한 에너지를 아침 식사를 함으로써 보급받게 된다.

다음으로 식사 시간을 일정하게 정해 놓고 식사를 하는 문제인데, 그것이 습관화되면 그 시간에 인슐린이 잘 나온다는 것이다. 인슐린의 분비가 촉진되면 음식물의 성분이 체내로 동화하기가 쉽게 된다. 물론 인슐린 자체가 포도당을 뇌 속으로 운반하는 데는 별 도움이 되지 못하나, 포도당의 공급원이 되는 저장형 글리코겐의 합성을 촉진시키므로 간접적으로 뇌에 영양 보급을 원조하는 일이 된다.

또한 일정한 식사 시간을 지키는 일은 영양 물질의 흡수 효율이 상승하는 등 그 후의 대사를 포함한 일련의 과정에서 여러 가지 기능의 진전을 보게 된다. 이렇게 나타나는 현상을 등시각성(登時刻性)이라고 한다.

다음으로 야식증후군이란 현대인들이 직장에서 늦게 퇴근함으로써 귀가가 늦어지게 되고, 따라서 자연스럽게 저녁 식사가 늦어지기 때문에 야식을 하게 되는 것을 말한다. 미국에서의 경우이지만 야식을 습관적으로 하는 사람은 비만에 걸리기 쉽다고 한다.

14. 인공 지능의 시대

인공 두뇌(컴퓨터)의 발명

인류는 수천년 전까지만 해도 석기시대 문화라는 원시적인 생활 속에서 살아왔다. 그런데 인류는 위대한 발명을 했다. 이 위대한 발명은 무엇인가? 그것은 바로 문자의 발명이다. 기원전 3천년부터 시작된 회화(繪畵) 기법은 사람들의 마음에 직접 심상을 불러일으키면서 그 방법으로 의사를 전달해 왔다.

그러던 것이 1천년이 지나는 동안에 회화적인 기법이 남아 있기는 하지만 더한층 추상적인 상형문자를 사용하게 되었고, 그것이 더욱 발전 비약하여 알파벳이나 한글 같은, 어떤 사상이라도 문자로 써서 전달할 수 있는 체계로 커다란 혁신을 이루었다(표음문자).

과거 수천년에 걸친 기술 진보는 바로 논리적인 사고력(좌뇌)의 발달 때문이다. 석기시대의 원시적 생활을 하던 사람들은 아직도 지구상에 존재하고 있다. 물론 이들은 생물학적으로 우리와 다름이 없다. 그러나 그들은 여전히 비언어적인 사고방식을 가지고 있다. 그들도 언어를 정보 전달의 수단으로 사용하고는 있지만 그것을 이용하여 발전하는 데 쓰려고는 생각하지 못하고 있다.

글을 사용할 수 있게 되자 과거의 세대에 속해 있던 지식이 다음 세대로 전달될 수 있게 되었고, 또한 언어가 가지는 논리적인 구조는 직관적인 사고가 갖다 준 통찰력의 진실성을 증명해 주면서 설득력을 지닌 도구가 되었다. 직관이라는 것은 놀라운 능력도 지니고 있지만 한편 오류도 많다. 직관의 능력 한계를 예를 들어 살펴보자.

두께 약 0.05밀리미터의 화장지를 절반으로 28회 접으면 그 두께는 어느 정도 될까? 직관적으로 답할 수 있는가? 그것을 계산해 보니 약 13,422미터가 되었다. 에베레스트산보다 훨씬 높다. 우리의 직관력으로 이것을 계산해낼 수 있겠는가?

문자가 발명되면서부터 지식은 급속도로 확대되었다. 직관적인 사고방식의 우뇌 중심 교육은 일약 많은 사람들이 교육을 받게 되면서 좌뇌 중심의 논리적인 사고방식으로 바꾸어지게 되었고, 세계의 문물이 교류되면서 급속도로 모든 부문에서 개발이 이루어졌다. 과학이 발달되면서 생활 수준이 좋아지고 지능도 크게 발달되었다. 그것은 이미 설명한 대로 비논리적이고 주먹구구식인 우뇌의 사고방식이 좌뇌적인 사고방식으로 바뀌어 갔기 때문이다.

그러니까 오늘날 세계는 좌뇌 문명이 만들어낸 언어라는

전달 수단으로 새로운 정보 사회를 만들었고, 급기야는 인간의 두뇌에 최대 협력자인 컴퓨터까지 만드는 데 성공했다. 좌뇌의 발달은 컴퓨터 시대를 가져왔고, 그것은 바로 혁명이었다.

컴퓨터 혁명이란 기본적으로 좌뇌 발달의 연장이다. 컴퓨터는 실제로 우리의 추상적이고 논리적 사고 능력을 더 한층 확대시켰다. 컴퓨터는 지금까지의 좌뇌가 하던 활동을 백만배나 더 빨리 가능하도록 만들었다. 컴퓨터는 원래 무선공학의 발달로 인해 만들게 된 진공관의 전자식 계산기로부터 시작되었다. 전쟁 무기인 대포의 탄도 계산을 위해 만든 것이 전자계산기의 제1호였다. 그러니까 그것을 촉진시킨 것은 전쟁인 셈이다.

전자계산기는 1943년 미국에서 설계되었는데, 그것의 설계와 제조를 위해 기술자가 2백 명이나 참여했고, 그것이 완성되어 가동되기 시작한 것은 제2차세계대전이 끝난 다음이었다. 물론 최초의 것에는 커다란 방이 필요했고, 작은 공장을 움직일 정도의 전력도 필요했다. 2만 개의 전자관과 1천5백 개의 계전기(繼電器)로 이루어진 거대한 설비였다.

그 후 50년, 그 동안 컴퓨터의 눈부신 발달은 진공관이 트랜지스터로 교체되었고 대형에서 소형으로 변형되었다. 오늘날의 컴퓨터 이론을 완성한 사람은 헝가리 태생의 수학자 폰 노이만을 꼽는다. 물론 컴퓨터의 하드웨어를 만든 엑카드라는 사람도 있으나 이론적인 면에서는 단연 노이만이다. 그는 24세에 베를린 대학의 강사가 되었고, 1932년 "양자 역학의 수학적 기초"라는 서적을 저술했으며, 나치 정권을 피해 미국으로 가서 프린스턴 대학 교수가 되었다.

오늘날의 컴퓨터는 원리적으로 노이만의 방법에 의한 것이다. 이 이론을 오토마톤(Automaton) 이론이라고 하는데, 오토마톤은 자동 기계 등으로 번역된다. 컴퓨터의 전기 신호 전달 속도는 광속에 가깝고 구조 자체도 개조되었다. 최신의 컴퓨터는 방대한 기억을 보유하고 있고, 작동하면서 새로운 정보를 추가시키며, 컴퓨터 자신의 경험도 기억한다.

그런데 컴퓨터는 정보를 축적하는 창고로서의 역할 뿐만 아니라 설계자로서의 역할도 한다. 제조 공장을 비롯한 모든 분야에서 컴퓨터는 이용되고 있다.

컴퓨터가 가지는 속도성은 이미 이론적인 비교를 초월하여 인간의 좌뇌로서 행하던 단순 기억이나 기록 작업을 바꾸어놓고 말았다. 논리적 규칙에 따라서 행할 수 있는 작업이라면 거의 모든 것을 컴퓨터가 처리할 것이 틀림없다. 컴퓨터의 활동 가운데 많이 이용되는 것으로는 특정 과학 분야의 방대한 양의 정보를 저장시켜 놓는 일이다. 즉 건설 부문, 의학, 그 밖의 모든 분야의 정보 등이다.

그러나 컴퓨터는 정보를 비축하는 은행 같은 역할 뿐만 아니라 좋은 상담자 구실로도 이용되고 있다. 들어온 정보를 체계화하여 분석하고 일반화시켜 거기에 적당한 처리를 하고, 제기된 문제에 대해 일정한 결론과 권고를 냄과 동시에 새로운 아이디어를 창출해내는 데 큰 공헌을 하고 있다.

병원에서 환자의 진료를 위한 상담자로서의 컴퓨터 등장도 멀지 않을 것이다. 병원에 찾아온 환자는 맨먼저 컴퓨터와 만난다. 컴퓨터는 질문하고, 환자는 그 질문에 정확히 대답해 준다. 그렇게 해서 얻어진 정보는 즉시 처리되고, 중간 진단을 내린 후 환자를 알맞는 전문의에게 보내질 것이다. 컴퓨터는 최종의 진단을 내리기 위해 무엇에 주의해야 할 것이며 어떤 분석을 해야 되는가를 의사에게 조언한다. 한편 전문의로서도 환자의 병에 대한 특징을 밝히지 못했을 경우는 다시 컴퓨터에 묻는다.

의사 : "원조 바람. 환자의 증상은 이러이러하다."

컴퓨터 : "증세를 더 정확히 알기 위해서는 이러한 데이터가 필요하다."

의사 : "그것은 이렇다."

컴퓨터 : "환자에게 이러한 증상은 안 보였는가?"

위와 같은 식이다. 환자의 증세에 대해 의사와의 대화를 마친 컴퓨터는 예상되는 병의 이름, 혹시 정보가 부족할 경우는 몇 개의 예상되는 병명을 의사에게 알려주고 앞으로의 진단과 치료 계획도 제안한다. 이상은 러시아의 기계 전문가인 포스펠로프 교수가 가상하여 쓴 글에서 발췌한 것이다.

오늘날 과학자들은 새로운 컴퓨터의 제작을 계획하고 있다. 그것은 포스터 컴퓨터, 메타 컴퓨터, 또는 포스트 노이만 컴퓨터라고 불리는 차세대 컴퓨터이다. 그 모형은 두말할 것 없이 인간의 뇌이다. 그 이름은 '뉴런'(신경세포)에서 따온 '뉴런 컴퓨터'이다.

컴퓨터는 논리적인 결정을 행할 능력을 가지고 있다. 더욱이 컴퓨터는 완벽하게 피곤도 모른 채 그것을 해낸다. 비교적 단순한 디지털 컴퓨터라도 사람의 말을 듣고 무엇을 바라고 있는가를 알 뿐만 아니라 그 사람의 권리가 무엇인지를 알고 결정을 내릴 수 있다. 그러므로 우리는 인공 지능의 진보에 대해 흥분하고 있는지도 모른다.

컴퓨터의 기억 능력

컴퓨터의 뛰어난 능력과 활동은 우리 인간에게 편리함과 신속함, 그리고 정확함이라는 혜택을 주고 있는 것이 사실이지만, 결코 우리가 바라는 모든 요구를 채워주지는 못한다. 여기에 기계 문명이 우리에게 던져주는 하나의 문제가 제기된다. 새가 하늘을 날아가는 것과 비행기가 날아가는 것은 유사한 점도 있고 다른 점도 있다. 이 둘은 다 하늘을 날아간다는 기능으로 보면 유사점이 있으나 날아가는 구조는 다르다.

그러나 새에 비한다면 비행기가 날아가는 것이 훨씬 빠르다. 제트기라면 만배는 빠를 것이다. 이것은 인간의 뇌와 컴퓨터와의 관계도 비슷한 현상으로, 인간이 계산 속도로는 아무리 빨라도 컴퓨터의 10만분의 1이나 늦다. 즉 컴퓨터는 인간의 계산 속도보다 10만배 가까이 빠르다.

그러나 새의 비행 방식의 역학과 비행기의 비행 방식의 역학 관계를 살펴보면, 새의 비행 속도가 느리니까 하늘을 날으는 기능도 새 쪽이 못하다고는 할 수 없다. 미묘함이나 정밀함에 있어서는 비행기가 새를 따를 수 없다.

그와 같이 계산 속도에서 컴퓨터에 미치지 못한다고 해서 컴퓨터가 인간의 뇌보다 우월하다고는 할 수 없다. 컴퓨터가 못하는 것을 인간이 하고 있는 것은 수없이 많다. 총체적으로 말하면 현재의 컴퓨터는 인간의 뇌에 까마득히 미치지 못한다.

컴퓨터의 기억 용량은 어느 정도일까를 계산해 본 과학자들의 말을 빌리면, 현재의 대형 컴퓨터일지라도 1천만 비트가 보통이고, 큰 것은 수억 비트의 것도 있다고 한다. 1비트(Bit ; Binart Digit)는 2진 숫자 하나를 말하는데, 가령 우리가 10자리의 전화번호를 암기한다면 그 정보량은 33비트가 된다.

그러면 인간의 기억 용량은 어떤가? 맥칼로가 말한 바와 같이 인간은 기억 중에서 99%는 잊어버린다고 하니까 그 백분의 1만 계산해 보아도 1천억이라는 숫자가 나온다. 그러니 컴퓨터의 기억 용량은 인간의 뇌 기억 용량에 비할 수가 없다. 컴퓨터 백만대가 있어야 한 사람의 뇌와 맞먹는 셈이다.

지금도 이런 말을 하는 사람들이 있는데, 미국에서 입에 오르내리던 일 가운데 하나는 모든 국민을 컴퓨터에 수록하자는 것이었다. 심지어 사람 몸에 컴퓨터 번호를 매길 것이라는 이상한 이야기도 있었다. 그렇게 하면 사건이 일어났을 때 컴퓨터를 통해 즉시 진상 파악이 될 것이라는 사고방식인데, 이에 대해 많은 컴퓨터 기술자들은 반대했다.

그 이유는 많은 인원(한국 인구 4천7백만 명)의 정보를 수록하려면 현재의 컴퓨터 수준으로는 어렵고, 또 가능하다 해도 어느 정도의 정보를 수록할 것이냐는 것이다. 초대형의 컴퓨터를 만든다 해도 한 사람당의 정보량은 기껏해야 1,000비트, 즉 100개의 문자 정도일 것이다. 그 100개의 문자라면 이름, 주소, 생년월일에 눈곱만큼의 정보밖에 수록하지 못한다.

또 방대한 정보를 한꺼번에 취급할 필요성이 언제 생기는가, 또 운용과 관리는 어떻게 할 것이며, 예산 면에서도 문제가 된다. 차라리 동사무소에 비치된 컴퓨터를 잘 활용하는 편이 더 효과적일 것이다.

컴퓨터는 사람을 능가할 것인가

좌뇌 혁명, 즉 컴퓨터의 시대가 왔다는 말을 앞에서 지적했다. 그러나 지금은 컴퓨터의 성공적인 활약도 결코 인간이 바라는 완벽한 행복을 가져다 주지는 못한다는 말을 해야겠다. 좌뇌 혁명의 대명사격인 컴퓨터는 과연 어디까지 발달할 것인가? 못할 것이 없다는 컴퓨터의 능력과 위력, 그러나 그것이 반드시 인간 세계에 행복을 가져다 준다는 보장은 없다.

컴퓨터로 인해 가정 주부들의 가사 활동에 편리함을 가져다 줄 것은 두말할 나위가 없는데, 그중에서 식사 메뉴를 만드는 일도 컴퓨터가 한 몫을 할 것이다. 컴퓨터가 아침, 점심, 저녁 등 식사 메뉴를 짜서 가장 알맞는 영양식을 만들어 식탁에 올려 놓아주므로 주부들에게 즐거운 일이자 가장 큰 고민거리를 해소해 주는 것이다.

그러나 과연 말 그대로 컴퓨터의 지시에 의해 만들어진 음식을 가족들이 먹으면서 만족할 것인가? 이론적으로는 '그렇다'로 답이 나올 것이다. 하지만 사람이 먹는 음식은 기계적으로 만족을 주는 것이 아니다. 한마디로 따뜻한 애정이 깃든 음식, 옆에서 단란한 분위기를 만들어주는 가족들이 없어서는 안 된다.

미국에서는 아기를 양육하는 로봇을 만들고 있다고 한다. 적당한 실내 분위기, 온도, 놀이 기구, 그리고 알맞게 조리된 주식과 간식 등 모든 것을 컴퓨터가 알아서 해주는 인공 유모 구실을 하도록 만든다는 것이다. 그것은 가능하다. 최고의 보육사가 될 수 있다. 그러나 부모의 사랑을 못 받고 자란 어린이가 피부로 사랑하고 돌봐준 일이 적은 부모에게 어느 정도의 애정을 느끼고 있을지, 더군다나 그 사랑에 대해 보답하려는 마음이 일어날 것인가를 생각해 보자.

사랑을 못 받은 아이는 성인이 되어서도 사랑의 참뜻을 모른다. 물론 아무리 인공 유모로 육아를 했다 해도 부모의 따뜻한 애정이 매일 얼마간이라도 주어졌으리라고 짐작은 가지만, 아이란 그런 정도로는 만족할 수 없는 존재이다. 더구나 어릴수록 담뿍 사랑을 받아야 건전한 인간의 기초가 이루어지는 것이므로, 그 아이의 마음 속에 심어진 인간적인 애정은 결코 우리가 기대할 수 있는 양에는 못 미칠 것이다.

부족하다는 것은 생리적으로 말하면 병이라는 것이고 정신적으로 말하면 불건전한 사고방식으로 이어질 소지가 많다. 육아에 있어 가장 요구되는 필수조건 가운데 하나는 부모의 사랑을 담뿍 주는 일이다. 건전한 육아가 중요한 까닭이 여기에 있다.

또한 그 시기는 출생과 동시에 시작하여 몇 년간이 가장 중요하다. 요즘 맞벌이 부부들이 많아지고 있는데, 육아 전문가들의 권고는 아기 엄마는 그 아이의 최초 3년간을 육아에 전념하고 그 후에 직장을 가지라는 것이다. 인공 유모인 로봇으로 자라난 어린이는 이미 가장 중요한 최대의 사랑이라는 영양소가 결핍된 가운데서 성장하는 아이가 된다는 것을 잊지 말자.

그리고 영양소는 아무리 그 후에 많은 헌신적인 부모의 사랑을 쏟아부어 준다고 해도 최초의 3년간에 주지 못한 사랑의 영양소를 대신할 수는 없는 것이다. 아니, 그것은 절대로 불가능한 일이다. 사실 인간이라는 것은 인간답게 살아서 인간이라고 한다. 인간다움은 그 사람의 출생 직후부터의 몇 년간이 가장 중요하다. 만약 그때 인간다움의 뿌리가 박히지 못하면 돌이킬 수 없는 비극의 뿌리가 싹트게 될 것이다.

왜 그럴까? 그것을 오늘날의 뇌과학이 증명해 주고 있다. 막연한 억측이 아니라 사실의 증명이다. 앞에서 언급한 바와 같이 카스퍼 하우저 증후군의 이야기에서도 나왔지만, 인간 세계를 떠나 성장한 어린이들은 왜 인간 사회로 돌아오기가 힘들거나 돌아오지 못하는가? 그것은 두말할 것도 없이 유아 시기, 곧 인간에게 가장 중요한 시기에 인간 사회에서 격리되어 성장했기 때문이다.

1997년 5월 슈퍼컴퓨터 딥블루가 세계 체스 챔피언인 개리 카스파로프를 꺾었다는 보도에 온 세계가 충격을 받았다. 빌 게이츠는 앞으로 컴퓨터가 사람을 알아보고 대화하는 일이 가능하다고 말했다. 결국 인간에 가까운 컴퓨터가 등장한다는 말이다. 사실 50년을 갓 넘은 컴퓨터 역사는 날이 갈수록 놀라운 능력을 첨가하고 있다.

체스 챔피언을 이긴 컴퓨터는 앞으로 스스로 컴퓨터의 프로그램을 작성할지도 모른다. 인간과 대화를 나눌 수 있을지도 모르고, 인간의 지능과 대등한 컴퓨터가 될지도 모른다. 50년 전에 누가 오늘날의 컴퓨터를 상상이나 했겠는가?

그러면 과연 앞으로 인간과 같은 능력을 지닌 컴퓨터가 나타날 것인가? 그러나 그 답은 '아니다'이다. 왜냐하면 컴퓨터가 인간과 같은 능력을 지니려면 인간이 가지고 있는 '감정'까지도 가지고 있어야 하기 때문이다.

컴퓨터는 인간의 보조 기구는 될 수 있으나 인간과 같이 될 수 없는 것은 바로 이 감정을 가질 수 없기 때문이다. 흔히 컴퓨터는 사람이 하는 것이라면 무엇이든지 가능하다는 주장까지 있으나, 컴퓨터는 인간의 감정을 가질 수 없다. 누구를 좋아한다든가 싫어하는 따위의 감정이 기계에서 나올 수 있겠는가? 글이나 말로서 표현할 수 없는 인간의 감정을 기계가 지닐 수는 없다. 그래서 이런 말이 나온다. "컴퓨터는 당신이 생각한 대로 움직이지 않고, 단지 당신이 명령한 대로만 움직인다."

또 한 가지 어려운 일은 컴퓨터의 정보량이 아무리 거대하다 해도 인간의 정보량에는 미치지 못한다는 사실이다. 물론 인간이 의뢰한 일, 즉 입력시킨 모든 것을 가질 수는 있다. 그러나 인간이 출생과 동시에 겪은 엄청난 정보량을 어떻게 컴퓨터가 가지며 그것을 주입시킬 사람이 있겠는가?

중요한 것은 감정을 가진 컴퓨터라면 사람에게 명령을 할 수도 있게 될 것이다. 또 답을 옳게만 아니라 잘못 대답할 수도 있을 것이다. 인간에게 반항하는 컴퓨터도 나올 수 있을 것이다. 그렇게 안 된다는 보장이 어디 있겠는가? 그때 창안자인 인간이 그것을 멈추게 할 수 있겠는가?

멈추지 못한다면 이 세상은 이제 컴퓨터가 주장하는 세계로 가게 되고 말 것이다. 물론 이것은 하나의 공상과학소설과도 같은 이야기이지만, 그러나 그런 상상을 인간이 할 필요는 있다. 그러므로 그런 인간과 같은 컴퓨터는 만들 수도 없겠지만, 만들어서도 안 되고, 그 필요성은 더군다나 없다.

컴퓨터는 인간의 진정한 동반자인가? 결론적으로 말하면 컴퓨터는 기계일 뿐이다. 인간이 만든 기계이지만 그 힘이 커지면 인간 위에 군림할 가능성이 있다. 그래서 인간은 이 기계를 다스려야 한다. 원자탄을 만든 인간이 원자탄을 두려워하듯 두려워해서는 안 된다. 인간 세계를 위해 쓰여질 좋은 도구로 발전시키고 활용해야 한다. 다시는 원자탄 같은 과오를 되풀이하지 않도록 경계하자는 것이다.

15. 인류의 적, 마약

마약의 침입

마약이나 각성제를 금단의 독약이라고 사회에서나 정부에서 강력하게 단속하고 있는 것은 잘 알려진 사실이다. 1988년 서울 올림픽에서 100미터 결승에 9초79라는 세계 신기록을 세워 우승했던 캐나다의 벤 존슨이 토핑(약물 사용) 검사에서 약물 사용이라는 판정으로 실격되어 금메달을 박탈당한 일이 있다.

그가 사용한 약물은 스타노졸이라는 근육 강장제이다. 이것은 남성 호르몬을 개량한 것으로 근육 동화 작용을 일으키는 화학 합성물이다. 그런데 이러한 토핑은 건강상에도 나쁘지만 하나의 습관성을 수반하기 때문에 금지된 것이다. 운동선수의 경우는 그의 명예욕을 채우기 위해 약물을 복용한 케이스이지만, 대체적으로 사람들은 쾌락을 추구하고 그것을 만족시키기 위해 모든 수단을 강구하고 있는 것이다.

그중의 하나로 사람들은 마약이나 각성제를 찾아 나섰다. 그리고 만난 쾌락 물질을 한번 두번 복용하다가 중독되고 만다. 그 결과는 육체를 해치게 되고 정신적인 고통에까지 빠지게 된다. 인간의 타락, 그것은 마약이 가지고 있는 위력이 인간을 굴복시킨 결과이다. 또한 그것은 마약이 지닌 마성을 여지없이 드러낸 결과이기도 하다.

그런데 이 무서운 독물을 사람들이 물리치지 못하고 있을 뿐만 아니라 오히려 더 많은 사람들이 찾고 있으며 사용자들이 늘어가고 있다는 사실에 두려움을 금할 길이 없다.

아 편

아름다운 꽃으로 이름난 양귀비는 터키 등 서아시아 지방이 원산지로 5월 늦봄에 분홍색, 백색, 자흑색의 예쁜 꽃을 피우는 1년초이다. 꽃잎은 4장이고, 꽃이 진 다음 며칠 후에 씨방을 칼질하여 흘러내린 유집을 응고시켜 만든 것을 생아편이라고 한다.

기원전 400년 의성 히포크라테스는 아편(Opium)을 의약이라고 찬양했고, 로마 시대에 역시 의성이라는 갈레노스도 아편으로 만들어진 약의 가치에 대해 강조한 바 있다. 8세기에 들어와서 이슬람교의 세력이 팽창해지면서 아편은 세계 각지에 퍼졌고, 그중에서도 인도와 중국에 많이 들어갔다. 물론 당시는 아편이 주로 고귀한 의약이었을 뿐 그것을 흡연에 사용하려는 생각이 17세기까지는 없었다.

갈그런데 16세기에 의학계에 혜성처럼 나타난 스위스 의과대학의 파라겔수스는 아편과 알코올을 혼합하여 로다남이라는 아편 칭크를 만들었다. 이것이 바로 후에 아편 중독자를 낳는 악질 약이 되었다.

19세기에 들어와 아편의 흡연이 성해지면서 흡연에 도취되어 문자 그대로 신선 놀이에 빠져 놀아대는 아편 사용자들의 수가 급격히 증가했다. 마약이 가져다 주는 쾌감의 마력에 사로잡혔던 것이다. 그와 함께 이것을 지탄하고 그 퇴치를 위해 투쟁하는 사람들이 나타났고 책도 출간되었다. 중국의 아편전쟁은 너무도 유명하다. 그 결과 홍콩이 영국 영토로 장기간 조차되는 등 아편의 해독은 엉뚱한 결과를 낳았다. 마약의 중독은 얼마나 많은 유능한 사람, 젊은 사람들을 죽게 만들거나 폐인으로 만들었는지 모른다.

모르핀

아편의 성분 중에 10% 정도가 모르핀(Morphine)이다. 모르핀은 1805년 그리스 신화에 나오는 '꿈의 신'의 이름에서 따온 것이다. 아무튼 모든 통증을 즉시 멈추게 하는 데 가장 효과가 있는 진통제였을 뿐만 아니라 쾌감, 황홀감, 부상감(浮上感)까지 일어나게 한다. 그러나 점차 그 사용량을 증가시키지 않으면 안 되는 내성이 생긴다.

그러니까 모르핀이 끊어지면 새로운 고통이 따르고 괴로움을 못 이겨 뒹굴게 만드는 금단증상에까지 빠지고, 차차 거기서 탈피하지 못하게 된다. 참으로 무서운 마약의 중독이 일어나는 것이다. 모르핀은 일반적으로 통증을 둔화시키고, 불안, 고통, 피로, 굶주림과 그 밖의 불쾌감이 사라지므로 그 효과는 다른 진통제와는 도저히 비교가 안 된다. 거기에다 상상력이 활발해지고, 공상에 몰두하게 되며, 만족감을 느끼게 한다. 그러나 주의력은 산만해지고, 자제력이나 판단력은 저하된다. 모르핀을 처음 사용하는 사람에게는 구토, 현기증, 두통과 같은 혐오감을 주기도 한다.

그런데 모르핀은 앞에서 설명한 것처럼 사람의 뇌를 마비 상태로 몰아넣지만 다른 동물에게는 흥분하게 만든다. 특히 말, 고양이, 돼지 등이 그렇다. 경마장에서 모르핀으로 말을 흥분시켜 달리게 하는 일이 종종 있다. 이것이 '토핑'의 시초라고 한다.

헤로인

모르핀은 양귀비에 의해 채취된 천연 마약이다. 헤로인(Heroin)은 모르핀보다 약 70년 후 영국에서 만들어졌는데, 모르핀과 무수초산이 합성된 것이다. 처음 연구자가 그것을 개에게 실험했더니 극도의 피로감, 공포, 졸음, 가벼운 구토 등을 일으키므로 그 약을 위험한 약으로 판정하고 실험을 중지시켰다.

그러나 독일에서는 그 약을 만성 해소증, 천식, 호흡기병의 특효약으로 판정하고 제약회사에서 헤로인이라는 상품

명을 붙여 세계에 팔았다. 헤로인은 진통 작용이 모르핀의 3배나 되고 의존성이 매우 강하다. 한번 헤로인을 알면 모르핀이나 아편에는 더 이상 의지할 수 없을 정도로, 헤로인은 문자 그대로 마약의 제왕이 되었다. 여기서 의존성이란 계속하여 사용하지 않고는 견딜 수 없는 충동을 말하는데 그것을 중독이라고 한다.

인간의 뇌에는 '혈액·뇌장벽'이란 화학적인 출입문 역할을 하는 곳이 있는데, 그곳은 아무런 물질도 마음대로 들어갈 수 없게 만든 독특한 방어 체계이다. 따라서 모르핀 주사를 맞더라도 2% 이상은 뇌 속으로 들어갈 수 없게 되어 있다. 그러나 헤로인의 성분은 사람의 세포막과 동일한 지용성이기 때문에 65%가 뇌 속으로 들어갈 수 있다. 뇌 속으로 들어간 헤로인은 그곳에서 분해되어 모르핀으로서의 마약 효과를 충분히 발휘한다. 그러므로 모르핀에 비해 헤로인이 얼마나 해독을 끼치는 마약인지 쉽게 알 수 있다. 헤로인은 백색이기 때문에 중국어로 '빠이'(白)라고 부른다.

물론 오늘날 세계 각국은 헤로인의 제조, 판매, 소지, 사용 등을 엄격히 규제하고 있다. 그러나 헤로인 중독자는 줄지 않고 늘어만 가고 있다. 그 까닭은 헤로인이 모르핀보다 더 간편하게 합성되기 때문이다. 원자탄을 개발한 인류가 핵 공포에서 벗어나지 못하듯이, 헤로인이라는 최강의 마약을 합성한 인류는 이제 그것에서부터도 피할 길이 없게 되는 것 같다.

각성제 코카인

각성제는 마약과 달리 인공 합성의 물질이지만, 이러한 물질은 자연에도 있는데 그 대표적인 것이 코카인(Cocain)이다. 중국에서부터 히말라야산맥, 러시아, 이란 등, 그리고 더 나아가서는 미국 서남부 지방의 건조 지대에 무성한 관목들이 있는데 황색을 띠었다고 해서 마황이라고 부르는 식물이다. 일찍부터 약초로 썼고, 마황도 양귀비처럼 옛날부터 사용되어 왔다. 마황은 땀을 흘릴 때 해열제로 사용되었고, 또한 기침을 멈추는 작용도 있어 천식의 특효약으로도 쓰였으며, 그 밖에 순환기계의 질환에도 널리 사용되었다.

마황의 유효 성분(에페드린)은 1887년 도쿄 대학의 나가이 박사가 발견했다. 그 후 각성제 합성이 이루어지면서 1931년 이후에는 미국, 독일, 그리고 제2차세계대전 때 군에서 사용되면서 널리 퍼졌다. 그 뒤 일반 사회에서 남용되자 각국에서는 각성제로 취급하고 단속했다.

코카인의 역사도 오래되었다. 기원전 어느 때인지는 모르나 남미의 원주민은 코카라고 하는 나뭇잎을 따서 페루 지방으로 운반했다는 기록이 있다. 코카라고 하는 나무는 높은 나무이지만 잎사귀를 쉽게 따기 위해 높이를 2미터 정도로 낮추어 재배했다고 한다.

나뭇잎은 매년 3~4회 정도 채취하는데, 코카인은 코카의 잎사귀에 0.5~1.0%쯤 포함되어 있다. 독성, 의존성이

다같이 강하므로 각국에서는 마약으로 지정하여 금하고 있다.

1884년 정신분석요법으로 유명한 오스트리아의 지그문트 프로이트 진료소에서 코카인을 국소 마취용으로 사용하게 되자, 그 후부터 안과나 치과에서도 간단한 수술에 사용했다. 그런데 그와 병행하여 코카인의 사용자들이 늘어나 그 폐해가 날로 심해져 갔고, 결국 마약인 모르핀보다 많아졌다. 그러나 다행스러운 것은 프로카인이라는 우수한 대용 국소 마취제가 개발되면서 오늘날에는 코카인 사용이 거의 없어졌다.

그러나 미국에서는 1960년 이후 제2차 마약 붐이 일어나면서 헤로인으로부터 코카인으로 옮겨져 크랙이라는 파이프를 이용해 흡연하는 새로운 방법이 급속도로 퍼지고 있다고 한다. 코카인은 천연물인 만큼 의존성이 강하고 중독되기 쉽다. 마약으로 지정되어 통제를 받는 것은 당연하다.

환각제

각성제와 흡사한 약으로 환각제라는 것이 있다. 환각이란 대상 없는 지각(知覺)이라고 말해지는 것으로 환청, 환후(幻嗅), 환미(幻味) 등 체감으로 느끼는 것부터 심적인 환각까지 포함된다. 물론 이것은 치료약이 아니다. 환각을 일명 백일몽이라고 말해질 정도로 꿈과도 깊은 관계가 있다.

이제 환각제의 정체를 알아보자. 1963년 미국 하버드 대학의 심리학 교수 티모시 리알리는 실습 실험을 하는 한 학생에게 환각제 LSD를 마시게 한 일로 인해 그 대학에서 퇴직당하게 된 사건이 있었다. 그러나 그는 LSD야말로 의식을 눈뜨게 하는 묘약이라고 믿고 이것을 종교에 연계시키기로 마음먹은 후 한 교파를 만들고 스스로 교주가 되었다. 그리하여 당시 미국 사람들의 풍조에 먹혀 들어가서 히피라고 불리는 젊은이들의 호응을 받았다.

젊은이들은 LSD를 복용하고 그야말로 곤드레만드레 상태에 빠져들어 환상 음악, 환상 영화가 유행했으며, 황홀한 것이야말로 예술이고 목적이라는 사상까지 낳게 만들었다. 이러한 상황을 보고 앞날을 매우 우려한 미국의 당국자들은 1966년 미국에서의 LSD사용을 규제하기 시작했고, 다른 나라에서도 그런 화를 면하려고 노력하였음은 두말할 것도 없다.

대마초

작용은 약하지만 환각제로서 유명하다. 인도산 대마를 건조시켜 만든 마리화나와 역시 대마에서 추출한 익스트랙트를 농축하여 수지(樹脂)의 형체 그대로 만든 하시시가 있다. 대마는 중앙아시아가 원산지로 기원전부터 약용으로 사용되는 한편 흡연, 음료, 식용 등으로 사용되어 왔다.

그 후 인도, 중동, 유럽으로 확산되었고, 멕시코, 중남미로 수출되어 그곳에서 재배되면서 담배처럼 말아서 흡연하게 되었다. 이것이 마리화나라고 불려지면서 북미, 캐나다 등지로 퍼져 갔다. 마리화나나 하시시의 주성분은 지금까지 알려진 약물과는 달리 그렇게 환각 작용이 강하지는 않으나, 오늘날 각국에서 규제되고 있고 우리나라에서도 단속하고 있다.

시너 · 본드 · 부탄가스

1960년 이후 청소년들 사이에 급속도로 퍼지고 있는 것으로 래커용 시너(페인트 등 도료를 녹이는 유기용제)의 냄새를 흡입하는 일이 생겨났다. 또 접착제인 본드의 냄새를 맡거나 취사용 부탄가스를 흡입하는 일이 많아졌는데, 두려운 것은 어디서나 손쉽게 살 수 있기 때문에 남녀 중고등학생들에게까지 널리 퍼지고 있다는 사실이다.

시너에 대해 알아보자. 시너가 뇌에 해로운 까닭은 그것이 대뇌신피질에 작용하기 때문이다. 시너에는 톨루엔, 메탄올, 초산에틸 같은 것들이 포함되어 있어 도료를 용해하는 데 쓰인다. 휘발성으로 사람을 유혹할 만한 약간의 좋은 냄새가 난다고 경험자는 말하고 있다.

이것을 맡으면 보통의 정신 활동이 낮아지고 쾌감이 온다. 계속 마시면 운동중추나 언어중추가 마비되어 허리가 빠진 것처럼 맥이 빠져 제대로 걸을 수가 없게 되고, 언어도 분명치 않게 된다. 시너에 포함되어 있는 톨루엔이라는 물질에는 마취의 효과가 있기 때문에 양을 약간 많이 마시기만 해도 폐로부터 뇌에 즉시 흘러 들어가므로 잘못하면 전신마비에 빠진다. 이렇게 되면 물론 호흡을 하는 중추도 마비되고 죽음에 이를 위험성이 있다.

소량이라도 남용하면 망상이나 환각이 나타나고 정신에 큰 영향을 준다. 심한 중독 환자에게는 뇌의 위축과 뇌실의 확대가 나타나고, 새로운 것을 기억하지 못한다든가 즉각적인 계산을 하지 못하는 등 인격의 붕괴에 연결된 증상도 있다고 한다.

또한 본드나 부탄가스도 대동소이한 해독을 끼치는 무서운 유기용제이다. 이것들이 코로부터 기관, 폐까지 옮겨지면서 기관지를 상하게 하고, 빈혈이 계속되면서 간장과 신장에도 장애를 입힐 수 있다. 이들 유기용제는 체내 마약이나 토파민과는 전혀 화학 구조상의 연관은 없다. 그러나 이러한 유기용제는 지질막으로 구성되어 있는 뇌세포에는 용해되기가 매우 쉽다.

즉 마취되기가 쉽고 지질로 되어 있는 혈액·뇌장벽도 쉽게 통과하므로, 결과적으로 장기간 사용시에는 뇌를 파괴하고 치매 상태로 빠지게 될 수도 있다. 또한 간장을 중심으로 온몸의 세포에까지 미쳐 커다란 해독을 준다. 또 환각을 일으켜 망상형 정신분열증에 걸리게 하고, 담력을 얻어 포악한 동물처럼 폭행 같은 범죄를 저지를 위험성이 많다.

특히 청소년들이 손쉽게 구할 수 있기 때문에, 부모나 교사들의 지도와 국가적으로도 대책이 강구되어야 한다.

신경안정제

인류의 진보는 근대화를 급속도로 진전시켰고, 원래 늘쩡거리게 살던 아날로그형의 컴퓨터 같은 인간의 뇌에 스트레스를 가져다 주었다. 그러니까 스트레스병이 일어난 것은 인간의 뇌가 생체 방어의 성질상 필요 이상으로 과잉반응했기 때문이다. 이같이 근대화에 의한 스트레스를 진정시키기 위해서는 그것을 멈추게 하거나 최소화시키는 약이 필요했다. 그래서 여러 가지 약, 이름하여 정신안정제, 신경안정제, 또는 수면제 등이 생겨났고 그것을 남용함으로써 또 다른 병을 가져오게 했다.

인간의 뇌는 원래부터 외부로부터의 환경에 적응하고, 또 생체가 편안하도록 힘을 쓰고 있는 기관이다. 그래서 여러 가지 경우에 적응하기 위한 태세를 갖추고 있으나 세상은 너무 복잡하다. 그러니 긴장의 연속이라는 말 그대로 한시도 마음을 놓을 수 없다는 사람들도 있을 정도이다.

오늘날 많이 사용되고 있는 항불안약(抗不安藥)이란 정신안정제는 주로 GABA 수용체에 결합되어 GABA 억제성 신경 활동을 강화시키는 약이다. 그 결과 긴장(각성)이 완만해지고 스트레스는 멈추어지며 진정된다. 대부분의 정신안정제는 수면 도입제(잠이 오게 하는 약)이므로 수면을 가져오기도 한다. 그래서 불면증의 약으로도 사용되고 있다. 따라서 수면제나 정신안정제는 스트레스가 증대되는 근대 생활에서는 없을 수 없는 약이 되었다.

그러나 좋은 면도 있는가 하면 나쁜 면도 있다. 왜냐하면 이런 약일수록 의존성이 있게 마련이기 때문이다. 따라서 이 약은 의사의 처방이 필요한 약이므로 남용은 금물이다. 의학이나 약학의 세계에는 우연의 발견도 자주 있다. 1952년 프랑스령 인도차이나 전쟁에 참가했던 한 군의관이 부상자의 수술을 위해 환자의 정신 활동과 행동력을 저하시키도록 처방을 내렸다.

그런데 귀찮게 여겨서인지 간호사가 처방대로 하지 않고 그곳에 있던 클로로프로마진이라는 약을 환자에게 주었다. 그랬더니 뜻밖에도 그 환자의 정신 불안과 긴장을 완화시켜 주었다. 더욱이 최면 작용이나 자율신경계의 부작용도 없는 정신병의 특효약임이 밝혀졌다. 이것이 유명한 정신안정제 '트랭퀼라이저'(진정이란 뜻)의 탄생이다.

알코올

알코올(Alcohol)은 전분이나 당류를 발효시켜 얻어진 술의 원료이다. 알코올이 널리 보급된 까닭은 그것의 생산이 간편했기 때문이다. 사실 술은 사람들의 스트레스를 해소하는 데 도움을 준다. 그러므로 이것을 약처럼 여기는 사람들도 있다. 우리나라에서 약주라는 말도 그래서 생긴 것 같다. 백약의 우두머리라는 말까지도 듣는 알코올이지만 여기에도 의존성이 생긴다. 따라서 계속 마시게 되면 반드시 알코올 중독이 된다.

술의 성분은 알코올(정식명은 메틸알코올)인데, 강력한 유기용제이므로 뇌와 신경을 취하게 만든다. 술은 유기용제, 즉 지방질로 구축되어 있기 때문에 세포 어디에서도 쉽게 용해되어 신경세포를 마취시키고 뇌를 취하게 만든다. 알코올은 위에서 20%가 흡수되어 혈액순환으로 재빨리 나타난다. 마치 전신마취제와 같다. 그러나 알코올은 효소에 분해되어 무해의 탄산가스나 물이 된다. 그런 점에서는 스트레스 해소제이다.

알코올 중독이 되면 마약 중독과 비슷한 신체적 의존성이 생겨 벗어나기 힘들다. 그래서 술은 심리 활동을 억압하는 신경의 독물에 속한다. 그런데 유감스럽게도 알코올의 해로움을 사람들이 걱정하기 시작했을 때는 이미 알코올 음료가 인류에게는 다정한 이웃처럼 너무 가까워져 있었다.

세계 각국에서 알코올 음료의 판매 금지를 시도했으나 어느 나라도 성공하지 못했다(종교적으로 금지되어 있는 나라를 제외하고). 한때 금지령을 내렸던 나라들이 있었다. 그러자 밀주가 성행했는데, 밀주는 가정에서 매우 비위생적으로 만들어져 국민 건강에 큰 위협을 가하게 했다. 그래서 많은 나라들은 전면적인 금주 정책을 포기할 수밖에 없게 만들었다.

알코올은 몸에 몇 방울만 들어가도 즉시 심리적인 영향을 초래한다. 우선 감각을 마비시키고, 주의력을 산만케 하며, 정보 처리 능력을 저하시켜 그 결과 바른 판단력을 잃게 한다. 그러므로 두려운 것은 아직 취하지 않았는데도 심리적 활동이 둔해진다는 것이다. 그리하여 자기 통제를 못하기 때문에 커다란 비극의 원인이 된다. 마취적인 모든 음료는 몸의 운동 조절 기능을 파괴하고, 결과적으로 뇌의 신경세포가 자기 임무를 수행할 수 없게 만든다. 비유적으로 말하면 신경세포가 흔들리기 시작하는 것이다.

모든 마취제는 매우 교활하다. 한번 마신 것만으로도 신경세포의 활동은 즉시 정상으로 돌아오지 못한다. 하물며 계속적으로 복용하면 몸에 축적되어 결국 뇌신경세포를 위축시키고 파괴시키므로 그 기능을 완전하게 회복하는 것이 어려워진다.

니코틴

독성과 습성상 알코올에 뒤지지 않는 것이 니코틴(Nicotine)의 독이다. 오늘날 미국에서는 담배를 마약으로 규정짓고 있다. 니코틴을 농약으로 사용하는 사실을 아는가? 담배에는 니코틴이 포함되어 있는데 담배를 피울 때 기관지에 들어간다. 니코틴은 피부나 점막을 통해 일순간에 혈액에 흡수되어 몸 전체에 운반된다.

다른 독물과 같이 니코틴도 많은 기관과 조직을 상하게 하고, 아세틸콜린의 분자에 의해 열려진 뇌세포의 수용체에 들어간다. 간단히 말해서 니코틴은 위장전술을 써서 세포 활동을 중지시킨다.

혈액 중에 니코틴의 농도가 높으면 높을수록 대뇌 신경

계의 활동을 억제하므로, 그 결과 고혈압이나 그 밖의 중한 병을 일으키는 계기를 만든다. 그것이 심장과 혈관에 많은 작용을 하기 때문이다. 가장 무서운 병은 폐암이다.

니코틴은 흡연자 주변에 있는 사람들에게까지 영향을 끼친다. 특히 어린아이에게는 크게 해롭다. 또 아기 엄마가 피우면 니코틴이 혈액을 통해 엄마 몸에 퍼져 유선(乳腺)에 들어가서 그 젖을 빠는 아이에게 유해 작용을 일으킨다.

담배 연기 속에는 맹독 가스와 물질이 다량 포함되어 있다. 담배 연기는 가스 중독을 일으키는 일산화탄소도 포함되어 있어, 그것이 중요한 산소를 쫓아내 질식으로 이끈다. 또한 담배에는 발암 물질도 포함되어 있다. 1997년 5월 보도에 의하면 영국에서는 담배 연기 때문에 신생아의 돌연사가 있었다고 한다.

중독을 피할 수는 없는가

1925년 노벨상을 수상한 영국의 유기화학자 로버트 로빈슨이 복잡한 모르핀의 화학 구조를 밝혀내자, 화학자들은 각종의 모르핀 합성물을 만들었다. 그러나 여전히 의존성이 강했기 때문에 위험한 것을 깨달은 제약회사들은 모르핀에 맞먹는 진통 작용을 하는 간단한 화합물의 합성을 시도해 보았으나 역시 의존성에서 벗어날 수는 없었다. 결국 그러한 합성물도 나중에는 마약으로 지정되고 만다.

이러한 합성물을 보통 대용 마약이라고 부른다. 1942년 미국에서는 화학 구조의 일부를 변경시켜 마약 작용을 저해할 수 있는 약을 발명했다. 그것이 항마약제이다. 1963년 항마약제 '나로키슨'이 미국에서 제조되었다. 이 항마약제는 마약 중독자의 치료에 사용되었으나, 무엇보다도 유용하게 쓰여진 곳은 마약 작용 판정을 위해서였다.

그러니까 어떤 사람이 마약을 사용하고 있는지 아닌지를 판별하는 검사약이다. 1년 후인 1964년 미국에서 진통 작용은 모르핀보다 약하지만 매우 의존성이 적은 '펜타조신'이라는 약이 제조되었다. 이것은 마약 작용이나 항마약 작용 양쪽의 밸런스가 맞는 약이라고 인정되어 WHO(세계보건기구)에서 비마약성 진통제로 공식 인가했다. 그러나 전혀 의존성이 없다고는 할 수 없다. 이와 같이 마약의 의존성을 없애기 위한 싸움은 계속되고 있다.

여기서 의존성, 즉 중독이라는 말에 대해 잠깐 짚고 넘어가자. 원래 마약에 빠지게 하는 중독은 처음에 탐닉이나 기벽(Addiction)이라는 말로 표현했고, 때로는 습관성(Habit)이라는 말로도 쓰여졌다. 습관이란 말은 약물이 가져다 주는 쾌감 때문에 좀더 복용을 계속하고 싶은 마음, 곧 정신적 의존은 생기지만 신체적인 의존은 없는 것이므로 무리하게라도 참으면 참을 수가 있다.

보통 각성제는 이러한 정신적 의존심만을 일으키는 것이므로 습관성이다. 이에 비해 신체적 의존(중독)이란 약이 끊어지면 온몸이 참을 수가 없는 강력한 욕구가 생겨 몸부림치고 괴로워하는 금단증상이 일어난다. 금단증상이란 말은 고통이 마치 죽음 직전에 이르러 몸부림치는 것 같은 고통(사경을 헤맴)을 말한다.

이와 같이 '의존'이라는 말에는 정신적 의존과 신체적 의존의 명확한 차이가 있으므로 WHO에서는 1965년 습관과 기벽이라는 말 대신에 의존(Dependence)이라는 말을 쓰기로 했다. 따라서 여기서는 정신적 · 신체적 양쪽을 포함하여 의존이라는 말을 사용했다. 그러니까 의존성은 '중독'을 뜻한다.

그런데 오늘날 왜 의존성이 강한 마약이 없어지지 않고 더 많아지는가? 그 중요한 원인 중의 하나는 마약을 제조해서 돈을 벌려는 흉악한 인간들, 그것도 가장 쉬운 방법으로 돈을 벌려는 마약 제조업자와 그것을 판매하여 치부하려는 인간들의 탐욕 때문이다.

흔히 연예인들이나 환락가에 종사하는 여성들이 마약을 많이 복용한다고 하는데, 그것도 역시 마약 판매업자들의 농간 때문이다. 이들 마약 판매자들은 이들에게 접근하여 그들을 돕는 것처럼 처신한다. 강력한 인상을 주고 또 자신감을 갖기 위해서는 약간의 흥분제가 필요하다든가, 피곤한 그들에게 마약을 드링크제에 섞어서 좋은 피로회복제라고 속여 마시게 한다든가, 또는 수치심을 없애는 흥분제라고 속여 가볍게 마시게 한다.

그들이 중독에 빠지면 다른 동료들을 끌어들이도록 협박을 하기도 한다. 또한 이들은 일반 남성이나 여성들을 마약 판매자로 끌어들인다. 힘들이지 않고 돈을 벌 수 있다는 유혹으로부터 시작한다. 단 한번만 하고 끊으라고 말하면서 친절하게 돈도 안 받고 마약을 건네 준다. 얼마든지 비밀로 할 수 있다는 것과 만약 발각되더라도 뒷감당을 해줄 수 있다고 말한다. 권위 있는 후원자가 있는 것처럼 안심시킨다.

그러나 일단 그들에게 걸려들면 그때부터는 확 달라진다. 계속 협박을 일삼는가 하면 마약을 약간씩 주면서 완전한 중독자로 만든다. 결국 중독에 빠지면 유혹과 협박으로 질질 끌려가게 되고, 자의반 타의반으로 마약에 계속 손을 대게 된다. 그래서 한번 마수에 걸려들면 발 빼기가 힘들게 된다. 마약 중독자가 끊임없이 증가하는 이유는 바로 여기에 있는 것이다.

결국 탐욕의 인간들이 있는 한 이 무서운 침략자들을 물리치기는 힘들어지고 마약의 피해자는 늘게 마련이다. 그러므로 정부에서는 이 대적을 소탕하기 위해 근본적인 대책을 세워야 하고, 한편 중독자들의 구제책도 강구해야 한다. 물론 방지를 위한 교육과 홍보에도 힘쓰고, 가정과 사회 단체와의 협조 체제도 수립해야 할 것이다.

16. 뇌의 질병

정신분열증

분열증의 특징을 표현하기 위해 클리베린은 "지휘자가 없는 오케스트라"라고 했고, 러시아 태생의 프랑스 정신의학자 유진 민코프스키는 "현실과의 접촉 상실"이라고 말했다. 그 밖에 "연료 없는 엔진"이라고 표현한 사람도 있다.

브로일러에 의하면 이 병의 기본적 증상은 뇌의 통합 기능의 장애, 즉 분열이라는 말로 표현된다고 했다. 바꾸어 말하면 "정신이 분열되어 가는 병"이다. 통합이 잘 안 되기 때문에 어떤 생각과 생각의 결합이 이루어질 수가 없게 되고, 그 결과 생각의 내용이 비논리적이고 무질서하게 된다. 또한 외부와의 접촉 기능이 장애를 받기 때문에 동료들과의 교섭도 없게 되고 무관심해진다. 그래서 더욱 고독하게 보이고 엉뚱한 존재로 보여진다.

또 자기 혼자만의 세계에 틀어박혀 공상에 빠지고, 환각이나 망상에 마음을 빼앗기기도 한다. 얼굴은 언제나 공허

일한 듯한 표정을 지으며, 무료하게 살아가는 것이 그들의 일상 생활이다. 어떤 경우에는 자기가 특수한 임무를 맡은 존재로 여기고 그 일의 사명자라는 생각에 빠지기도 한다.

한편 이 병은 청년들에게 많기 때문에 '출발의 병'이라고도 하는데, 진학이나 취직 등 새로운 사회에 진출하려는 순간에 발병하는 경우가 많다. 환자 자신도 처음에는 병에 걸렸는지 모르는 경우도 있다. 그래서 이 병을 또 자기 상실증이라고도 한다. 최근 뇌의 분자 조직, 즉 호르몬과 신경전달물질의 활동이 해명되면서 정신병 원인의 대부분이 호르몬의 난조에 있다는 것이 밝혀졌다.

우울증

우울증은 비애, 절망, 비관, 세상을 비관하는 마음, 행복감의 저하나 비참한 감정을 동반하는 매우 중증 정신 질환의 하나이다. 이 병은 관동맥 질환이나 관절 류머티즘과 마찬가지로 일상 생활에 고통을 준다.

우울증 환자는 정신 질환을 갖지 않은 사람들과 비교하여 24배나 자살 기도를 일으킬 위험이 크다. 이 병은 생물학적(유전성 포함) 요인, 심리적 요인, 환경적 요인, 또는 이런 것들이 섞여진 것 등 여러 가지 요인이 있다. 뇌졸중, 내분비계 질환, 경구피임약, 수면제 등도 역시 발병에 관여하는 수가 있다. 또 우울증은 불면, 성욕 감퇴, 식욕부진, 위장 장애 등의 신체적 증상을 동반하는 수가 많다.

우울증은 최근 증가하는 추세인데, 그중에는 중고등 학생 같은 나이 어린 청소년들이 늘고 있어 매우 우려할 만한 병이다. 이 병의 발병 원인으로는 승진이나 주거지의 이전, 주택의 이전과 신축, 전근 등 즐거워해야 할 일들이 계기가 되는 경우도 적지 않다.

우울증을 스트레스 사회가 낳은 문명병이라고도 한다. 변하는 사회에 대한 불안, 공포, 거기에 따른 불신 풍조, 무기력 등이 이 병을 일으킨다. 그러나 이 병도 주위에서 성의껏 보살펴 주거나 휴양 등의 치료로 치유가 가능한 병이다.

뇌졸증

보통 의사들이 "치료할 방법이 없다"고 할 정도로 좋지 않은 병이 뇌졸중(Cerebrovascular Accident)이다. 이 병은 우리가 흔히 중풍이라고 부르는 병이다. 우리나라에서 사망 원인이 1위이고, 매년 20만 명이 사망하는 병이다. 뇌졸중의 원인으로는 뇌혈관이 막혀 생기는 뇌경색과 뇌혈관이 터져 생기는 뇌출혈이 있다. 이 병이 무서운 것은 많은 사람들이 생명을 잃는 데도 있지만 살아 남은 사람들의 대부분이 평생 불구로 보내야 하는 병이기 때문이다.

미국에서 연간 50만명이 걸려 15만명이 사망하며, 65세 이상의 고령자에게 많다. 그러나 근래에는 65세 이하도 3분의 1이나 된다. 즉 한창 활동할 나이에도 발병할 수 있다. 남자에게 많다고 하는데 당뇨병, 심장병, 비만, 높은 콜레스테롤 혈증의 사람, 또는 가족 중에 뇌졸중 병력을 가지고 있는 사람에게서 발병하는 경향도 있다.

따라서 고혈압, 비만, 당뇨병, 콜레스테롤 혈증이 있는 사람들은 미리 잘 살피고 예방하도록 힘써야 한다. 특히 심장병은 뇌졸중을 일으키기 쉽다. 그래서 뇌졸중의 치료가 때로는 심장병의 치료가 되는 수도 있다.

또 뇌졸중이 일어나는 요인 중에는 뇌에 산소나 영양분을 공급하는 혈관이 터지든가 혈전이나 이물질로 인해 혈관이 막히는 경우도 많다. 피가 없는 상태가 계속되므로 몇 분 이내에 세포가 죽게 된다. 이 병은 발병된 부위에 따라 반신불수와 실어증 등 여러 가지 장애를 일으킨다. 신경세포는 죽으면 다시 살아나지 않기 때문에 뇌졸중으로 인한 장애는 영구적일 수가 있다. 참으로 무서운 병이다.

파킨슨병

노년층의 뇌질환인 파킨슨병(Parkinson's Disease)은 손발이 떨리고, 근육이 경직해지며, 완만한 동작으로 쓰러질 듯 걷는 것이 특징이다. 미국의 트루만 대통령, 중국의 모택동, 독일의 히틀러 등도 이 병으로 고생했다.

이 병의 초기 증상은 전신 위압감이나 피로감, 권태감 등이 있는데, 어떤 때는 병으로 인식하지 못하는 경우가 많아 진단내리기가 힘들 때도 있다. 좀더 특징적인 증상으로는 휴식 상태에서의 손떨림이 가장 흔하며, 대화할 때 발음이나 억양의 변화가 힘들고, 걸을 때 팔의 흔들림이 줄어든다. 또한 보행을 시작할 때 어려움을 느끼고, 의자에 앉거나 일어서기가 힘들다.

환자는 얼굴의 표정이 없고, 마치 가면을 쓴 것처럼 행동한다. 이 병은 운동 실조를 일으키는 병으로, 증상은 그렇게 쉽게 나타나지 않고 발병 후에 만성적으로 진행된다. 영국의 의사 파킨슨이 1817년에 언급한 관계로 이후 파킨슨병이라 부르게 되었다.

최근 이 병의 원인에 대해 뇌 속에 도파민이 부족하여 생긴는 병이라고 밝혀짐으로써 도파민의 전구물질(前驅物質)인 도파를 사용하여 파킨슨병의 증상을 개선하는 치료법이 개발되었다.

1970년 후반부터 미국의 젊은이들이 이 병에 걸려 보건당국을 긴장시킨 일이 있는데, 역학 조사 결과 마약 복용자들로 밝혀진 바 있다. 미국의 권투선수로 유명한 무하마드 알리도 이 병으로 고통받고 있다. 최근 파킨슨병 환자의 뇌에 부신이나 태아의 뇌조직(모두가 도파민을 생산한다) 이식도 행해지고 있다. 그러나 문제가 있다고 한다.

간 질

간질(Epilepsy)은 발작 증세로 유명한데, 갑자기 의식을 잃고 전신의 근육 경련을 일으키며 소리를 지르고 쓰러지는 경우가 많다. 호흡근의 경련으로 숨이 멈추어지고, 안색

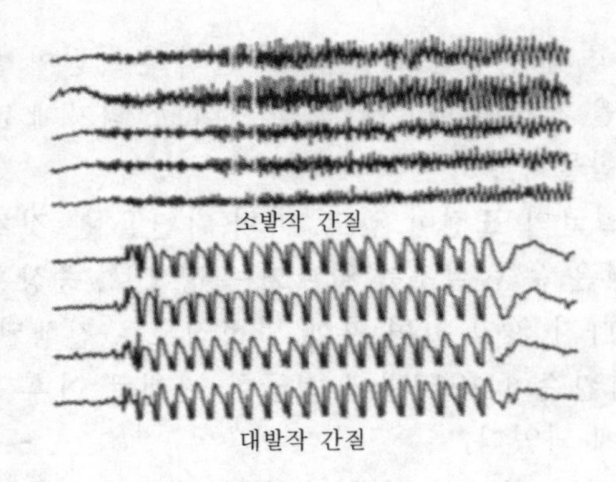

그림 36 · 간질의 뇌파

이 창백해지며, 거품을 뿜으면서 타액을 흘리는 증상이다.

간질은 뇌세포로 인해 뜻하지 않은 에너지의 방전 때문에 생기는 만성신경 질환으로, 몇 개의 뇌 기능이 일시적으로 변화를 일으키는 재발성의 발작을 특징으로 하고 있다. 간질은 소아기나 사춘기에 자주 발병하는 질환인데, 많은 사람들이 성장과 함께 발작이 소멸되어 약물 치료의 필요가 없어지는 경우도 있다.

이 병은 여러 가지 병이나 외상(머리 외상 포함)이 원인이 되는 수도 있다. 즉 분만시의 외상, 뇌의 감염증(수막염, 뇌염), 약물 중독, 약물 또는 알코올 금단상태, 대사성 질환 등이다. 그러나 간질 75%의 예증을 통해 보면 그 원인은 확실하지 않다.

일반적으로 간질은 경련 발작의 빈도를 감소시키는 항경련제로 조정할 수 있다. 간질 환자의 50%까지는 발작의 완전한 소멸이 가능하고, 나머지 25%는 현저한 개선이 엿보이지만, 그 나머지는 발작의 조정이 불충분하여 많은 장애 때문에 고통을 받는다. 간질 환자 중의 약 10%는 약물에 반응하지 않는 사람이 있다. 그런 사람에게는 외과 수술이 필요하다.

오늘날 간질의 원인은 뇌 속에 있는 GABA 억제성 신경의 억제 부족이라는 것이 알려졌다. 그 결과 대뇌신피질 표적 세포의 지나친 방전 때문에 간질이 생긴다는 것이다. 현재 사용되고 있는 간질 치료약은 뇌 속에 GABA로 작용하는 성질을 가진 약이 주류를 이루고 있다. 그래서 GABA 신경에 의한 억제를 강화하여 간질을 미연에 방지할 수가 있다는 것이다.

알츠하이머병

알츠하이머병(Alzheimer's Disease)은 모든 신경 질환 중에서도 가장 무섭고 비참한 병이다. 미국에서는 이 병에 걸린 자만도 4백만명이고, 연간 10만명이 생명을 잃는다고 하며, 성인의 대표적인 사망 원인 중의 하나이다.

생명이 있으면 죽음도 있는 것이고 인간의 뇌 활동도 나이와 함께 쇠퇴해지는 것은 어쩔 수 없는 일이지만, 인생 말로에 치매에 걸려 고생한다는 사실은 서글픈 일이 아닐 수 없다. 미국 의학계에서는 이러한 추세로 나간다면 2040년까지에는 1천4백만명이 이 병에 걸릴 것이라는 비관적인 예상을 하고 있다. 또한 치료약도 여전히 연구 단계에 있을

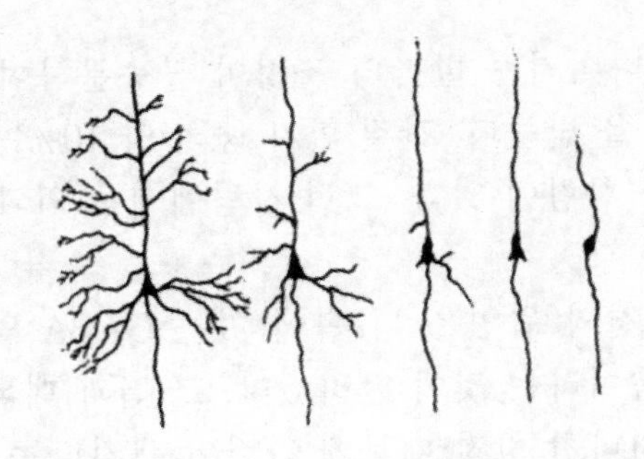

그림 37 · 알츠하이머병에 의한 신경세포의 수상돌기 퇴화

뿐 전망이 밝지 않은 실정이다. 보통 60세 후반에서 시작되는 것이 일반적인데, 우리나라도 고령화 사회에 들어서고 있으므로 심각한 사회 문제가 아닐 수 없다.

이 병은 뇌의 혈관 장애로 뇌세포의 영양 부족과 세포의 괴사가 일으키는 뇌혈관성 치매증, 원인 불명의 대뇌 변성, 그리고 위축으로 일어나는 알츠하이머형 치매증으로 분류된다. 발병 초기에는 최근의 기억에 주로 장애가 생기기 쉽고, 병의 진행과 더불어 먼 과거의 기억이 손상됨으로써 친근한 사람의 얼굴을 보고도 구별하지 못하게 된다. 때로는 시간과 장소도 분간 못하고, 사람과 동물의 모습이 반대로 보이는 경우도 있다고 한다.

AIDS

AIDS는 후천성면역결핍증후군이라는 긴 이름의 병이다. 악성 바이러스가 인체에 침입하면서 생긴 병이다. 보통 같으면 몸 안에 있는 면역계(T임파구, B임파구)가 침입한 바이러스를 잡아 죽였을 터인데, 어찌된 일인지 그 반대의 현상이 일어난 것이다. 말하자면 면역계가 제구실을 못했다고 해야 할는지, 아니면 악성 바이러스가 강해서 그랬는지 면역계가 능력을 잃어버려 일어난 인간의 비극이다. 그 결과 인간의 육체는 바이러스 세균과 곰팡이로 인해 쇠약해지고, 끝내는 죽고 마는 무서운 병이다.

최근에 발생한 이 질병으로 아마도 수천만명이 고통을 당하고 있고, 날이 갈수록 늘어만 가는 환자들의 수는 얼마나 더해 갈지 아무도 모르는 일이다. 어떤 사람이 말했듯이 인류에게 임한 무서운 재난이요 교만한 인간들이 추악한 생활로 인해 받게 되는 보응이라는 말이 적절할 것 같다.

치료법도 모르고 물론 예방법도 모르는 가운데 환자와의 접촉을 금하는 정도의 대책 외에는 아무것도 못하는 대책이 바로 대책인 셈이다. 더군다나 이 바이러스(HIV)는 뇌 속으로까지 침입하고 있는 그야말로 거물급 병이다.

의료 전문가들은 환자의 20% 내지 66%는 운동 장애가 따르고 치매까지 병발하기도 한다고 말하고 있다. 또한 거의 모든 환자들에게 가벼운 정신 장애로부터 진행성인 치매에 이르는 증세가 나타난다고 한다. 분자생물학의 발전으로 속히 그 정체가 밝혀지고 치료법이 확립되기만을 기다릴 뿐이다.

17. 뇌사에 대해서

뇌사란 어떤 죽음인가

어느 나라에서나 한 인간의 죽음에 대한 판정을 내릴 수 있는 사람은 병원의 의사이다. 그러므로 의사들이 인간의 죽음을 어떻게 판정하고 있는가를 알 필요가 있다. 옛날부터 사람이 죽으면 일반적으로 "숨을 거두었다"든가 "맥이 뛰지 않는다", "몸이 차졌다"라는 표현을 쓴다. 그런데 의학적으로도 기본적으로는 이와 같은 표현을 인정하고 있다. 즉 호흡의 정지, 심장 박동의 정지, 동공산대(瞳孔散大)와 대광반사소실(對光反射消失)이라는 세 가지를 죽음의 세 가지 징후로 여기고 이것을 판정 기준으로 삼고 있다.

첫번째의 호흡 정지란 폐기능이 멈추는 것을 말한다. 다음 심장 박동의 정지는 말 그대로 심장 기능의 정지이므로 맥이 뛰지 않게 되는 것이고, 그에 따라서 몸이 차거워지는 것은 당연하다. 마지막으로 동공산대와 대광반사소실이란 눈의 동공이 열려져 빛을 비쳐도 눈이 수축하지 않는 상태를 말한다.

사람이 임종할 때 의사가 작은 손전등으로 환자의 눈에 비추면서 확인하는 것이 그 까닭인데, 이것은 인간 생명을 주관하는 뇌간의 활동이 없어졌다는 것, 뇌의 기능 활동이 정지되었다는 것을 나타낸다. 법률상의 사망 시간은 이 세 가지 징후를 기초로 하여 의사가 판정을 내리는 것이다. 그러나 극히 드물게 일단 정지된 심장의 박동이나 호흡(자력 호흡)이 재개되는 수도 있으므로 사후 24시간 이내의 매장이나 화장을 법률로 금지시키고 있다.

그런데 사람의 신체는 죽음이라는 판정을 받았음에도 불구하고 아직 살아 있는 세포나 기관들이 있다는 것은 이미 알려진 사실이다. 그러니까 개체로서의 인간이 죽었다고 하더라도 전체의 육신이 다 죽었다는 뜻은 아닐 수도 있다. 바꾸어 말하면 죽은 사람의 신체 속에는 산 세포가 있을 수 있다는 말이고, 반대로 살아 있는 사람의 신체 속에는 이미 죽어 있는 세포도 있는 것이다. 그래서 시체에서 끄집어낸 신장을 이식하면 새로운 신체에 붙어서 훌륭하게 그 기능을 수행하기도 한다.

이와 같이 죽음의 선고를 받은 사람의 신체 중 일부의 장기는 오랜 기간 더 살아 남을 수 있다. 즉 이식받은 신장을 지닌 사람이 살아 있는 동안 죽은 사람의 신장도 같이 살아 있게 된다. 그러나 그런 것까지 따져서, 즉 죽은 사람의 신체 일부인 장기가 살아 남았다고 하여 산 사람이라고 할 수는 없다. 그것은 너무 복잡할 뿐더러 사회에 혼란을 가져올 수 있기 때문이다.

이제 본격적으로 뇌사의 문제를 다루어보자. 호흡은 폐에서 행하지만 그 활동을 지배하는 곳은 뇌(뇌간)이다. 그러므로 뇌가 고장나면 폐 자체는 아무런 손상을 안 받았다고 해도 호흡은 정지된다. 그런데 오늘날에는 인공호흡 장치가 발달되어 비록 뇌 활동은 중지되었으나 호흡은 계속할 수 있게 되었다. 그러나 의식을 하는 중추인 뇌가 죽었기 때문에 의식은 전혀 없는 것이다. 따라서 눈의 동공은 열려지고 빛에 대한 반사도 물론 없다.

인공호흡 장치 때문에 여전히 심장과 폐가 움직이고 있으므로 맥도 뛰고 육체도 차지 않다. 이런 상태를 무엇이라고 할 것인가? 또 이런 상태를 어떻게 보느냐 하는 것이 문제의 촛점이다. 즉 살아 있다고 해야 하는가, 아니면 죽었다고 보아야 하는가? 한마디로 이런 상태를 뇌사 상태라고 하는데, 뇌가 이미 죽었기 때문이다. 이런 상태를 나타내는 말로 다음과 같은 말이 있다.

'살아 있는 신체 안에 죽은 뇌가 있다'

(A dead brain in a living body)

'맥이 뛰고 있는 시체'

(Corpses with a good volume pulse)

매우 쉬운 표현 같지만 한편으로는 '살아 있는 신체'라는 말로 개체로서의 삶을, 다른 한편으로는 '사체'라는 말로 개체의 죽음을 강조함으로써 같은 뇌사를 전혀 상반된 형태로 포착하고 있다는 점에 주의하기 바란다.

이제 이것을 요약하면 뇌사라고 하는 것은 뇌 전체가 죽은 것을 말한다. 즉 뇌의 모든 부분이 죽은 상태를 의미한다. 우리가 보통 '뇌'라고 말하지만 그 형상이나 기능은 결코 단순하지가 않다. 신경세포가 모여 있는 중추신경계에는 뇌와 척수가 있다. 등골 속에 깊게 뻗친 척수 끝이 부풀어 '뇌간'이 되었고, 그 위를 커다란 '대뇌'가 덮고 있으며, 뇌간 뒤쪽에는 '소뇌'가 있다.

이것을 좀더 개괄적으로 말하면, 뇌간이란 기본적인 생명 활동을 통제하는 뇌로서 호흡과 혈액 순환 등 살아가는 데 필수적인 활동이 여기서 유지되고 있는 것이다. 소뇌는 신체의 운동과 행동을 조정하고, 평형 감각을 보전하여 원만한 활동이 이루어지도록 한다.

인간에게 특히 크게 발달한 대뇌는 크게 둘로 나눌 수 있다. 하나는 동물과 공통적인 것으로 말하자면 옛 대뇌, 즉 대뇌구피질로 식욕, 성욕 등의 원시적인 본능과 감정을 관장하고 있다. 또 하나는 인간에게 특별히 발달된 대뇌의 바깥 부분, 즉 대뇌신피질로 지각, 정신 활동의 무대가 되고 있다.

그러면 뇌사란 이렇게 활동이 다른 뇌의 각 부분이 어떤 상태하에 있는 것을 말하는 것일까? 한마디로 뇌사란 뇌의 모든 부분이 죽은 상태라고 할 수 있다. 이런 것을 의학적으로 "모든 뇌가 절대로 원상태로 되돌아갈 수 없는 기능 상실의 상태" 또는 "뇌사란 대뇌 · 소뇌 · 뇌간 · 제일 경수(頸髓)까지 포함한 전 뇌의 기능 정지 상태"라고 표현하고 있다.

이것은 미국을 비롯한 세계의 많은 나라가 채택하고 있는 뇌사의 개념이다. 그러나 영국에서는 '뇌간이 죽은 상태'를 뇌사라고 보는 사고방식이 주류를 이루고 있다. 전뇌사(全腦死)와 뇌간사(腦幹死)와는 뇌 장애의 부위와 병의 증세도 달라서 뉘앙스의 차이가 있지만, 생명 활동의 근본이 되는 뇌기능이 상실되어 결코 원상태로 돌아갈 수 없다는 점에서는 동일한 사고방식이다.

그러면 뇌사는 어느 정도 발생하고 있을까? 아직 우리나라에서의 통계는 알려진 것이 없으나 외국의 경우 연간 사망자수의 1%에 좀 못 미친다고 전해지고 있다. 영국의 경우는 0.6%라고 한다. 그런데 이런 통계가 어려운 이유로는 그 나라의 의학 수준과 사회 통념상의 문제가 있기 때문이다. 대략적으로 의학 선진국에서는 뇌사 발생율을 전 사망자수의 1% 미만 정도로 보고 있다.

그와는 반대로 인공호흡 기능을 이용하는 소생술이 아직 보급되지 못한 개발도상국에서는 뇌사의 예가 적을 수밖에 없다. 뇌사자의 발생 연령을 보면 50대가 많고, 남자 쪽이 많다고 한다. 역시 미국에서의 통계에 의하면 뇌사 발생 연령이 40~60대가 많은데 그중에서도 50대가 가장 높다고 한다.

최근 일본에서의 조사 보고에 의하면 49세, 48세가 많았다고 하는데 역시 비슷하다. 아마도 이 연대에 뇌일혈이나 뇌혈관 장애가 많이 일어난다는 것과 연관이 있는 것 같다.

통상적으로 남자 쪽이 많다. 끝으로 뇌사 판정을 내리는 문제에 대한 각국의 예를 보면 반드시 두 사람 이상의 의사가 함께 뇌사 판정에 참여해야 된다는 규정이 있다. 공정한 판정을 위해서이다.

식물인간

요즘 많이 보게 되는 식물인간에 대해 언급하기 전에, 일반인들이 식물인간과 뇌사를 혼동하고 있는 문제를 짚고 넘어갈 필요가 있다. 원래 식물인간이나 뇌사는 모두 뇌가 중대한 장애를 받아 의식을 잃게 된다는 점이 비슷하다. 그러나 뇌사는 자력으로 호흡을 하지 못하고 또 인공 호흡기를 사용해도 반드시 얼마 후에 죽는 데 비해, 식물인간은 자력으로 호흡을 하고 충분한 의료와 간호 등으로 몇 개월 또는 몇 년까지 오랜 기간 생명을 유지할 수 있다는 점이 다르다.

또 근본적으로 다른 점은 '식물' 상태에 있는 사람은 생명 유지에 최소한도로 필요한 뇌간의 기능이 손상되지 않고 있다는 점이다. 뇌사가 전뇌의 장애인 데 비해 식물인간은 어디까지나 뇌의 부분적인 장애에 불과하다. 사실 수술 도중에 갑자기 혈압이 내려 뇌에 충분한 혈액(산소)이 공급되지 않으면서 어느 기간 동안 뇌파가 정지된다.

그래서 뇌기능이 중단된 것으로 생각하게 되지만 곧 회복됨으로써 아무런 뇌 장애도 남지 않는 예가 있다. 결국 이때는 뇌가 죽은 것이 아니다. 그러니까 겉보기에는 뇌 활동이 상실되었다고 하지만, 어디까지나 뇌파와의 관계가 깊은 대뇌피질의 '가사'(假死) 상태일 뿐이지 돌이킬 수 없는 뇌기능 전체의 정지와는 확실히 다른 것이다.

아무튼 뇌사는 어디까지나 뇌 전체가 죽어서 뇌기능이 정지된 것을 의미한다. 그래서 '뇌사'란 말이 혼동을 일으킨다고 하여 '사뇌'(死腦)라는 말을 사용하는 사람도 있다.

1975년 4월 미국 청년들의 파티에서 21세의 카렌 크레인이라는 여성이 정신안정제와 아스피린을 섞은 약을 먹었다. 그리고 의식을 잃었는데 급성 약물 중독이었다. 즉시 근처 병원으로 옮겨져 인공호흡을 시키고 열심히 치료했다. 그러나 의식이 돌아오지 않았다. 따라서 식사도 배설도 자기 의식으로는 할 수가 없었다. 그리하여 호흡만 하는 상태로 몇 개월이 지났다.

불러도 아무 반응도 없고, 인공호흡기에 연결되어 드러누워 있을 뿐이었으며, 몸은 점점 여위어 갔다. 생후 얼마 안 된 그녀를 양녀로 맞아 양육한 양부모는 카렌을 편안하게 천국에 보냈으면 좋겠다고 의사에게 호소했다. 그러나 의사는 의사로서의 의무를 다해야겠다면서 들어주지 않았다.

5개월이 지나자, "의식도 없는 상태에서 인공호흡기로 연명하는 것은 죽음만 연장시키는 것에 불과하니 고생하는 딸에게서 인공호흡기를 떼어 자연스럽게 죽게 하고 싶다"는 뜻으로 뉴저지아주의 고등법원에 "죽을 권리를 인정해 달라"고 제소했다. 그 당시 "의사에게 인공호흡기를 떼게 할 권리가 있는가", "엄숙하게 죽을 권리가 없는가" 등의 심각한 사회 문제가 일어나서 세계의 주목을 끌었다.

같은 해 11월 주고등법원은 기각판결을 내렸다. "환자가 자기 의사로 결정할 수 없을 때는 환자가 살아가기를 원하고 있다는 것이 사회 통념이다… 생명의 존엄성이 존재하고 있는 그 자체가 생명이 살아가는 방식보다 우선한다"라고 선고 이유를 밝혔다. 그러나 이 재판에 승복하지 않은 부모는 다시 그 주의 최고법원에 상고했다.

1976년 3월 최고법원에서는 부모의 요구를 인정했다. "인명 존중의 대원칙보다도 죽음을 택할 개인의 권리가 우선되어야 한다. 앞으로 치료를 계속해도 회복될 가망이 없다는 결론이 났을 경우 인공호흡기는 중지해도 좋다"는 것이었다.

그로부터 3개월 후 주치의의 회복 가능성이 희박하다는 설명을 듣고 그 해 5월에 인공호흡기를 뗐다. 그런데 뜻밖에도 카렌 양은 자력으로 호흡을 계속했고 생명도 계속되었다. 이 뜻밖이라는 말을 한 까닭은 의사나 주위 사람들이 모두 그녀가 죽은 것으로 생각하고 있었기 때문이다.

그 후 그녀의 양모는 온 힘을 기울여 간호했으나, 그녀의 심장과 폐는 가냘프게 움직일 뿐 회복되지 못했고, 그녀가 쓰러진 지 10년 2개월, 인공호흡기를 뗀 지 실로 9년만에 죽었다. 그때가 1985년 6월 11일이었다.

1980년 그녀와 같은 불치의 환자를 돕고자 하는 사람들이 모여 호스피스를 설립했는데, 그 이름을 "카렌 크라인 희망의 집"이라고 했다.

뇌 이식은 가능한가

뇌 이식의 시도는 20세기 초부터 시도되었고, 그 성공 사례는 1976년에 있었던 뷰크랜드 등의 실험이었다. 그들은 갓 태어난 쥐의 뇌 일부를 큰 쥐의 뇌에 이식하는 데 성공했다. 또한 일본에서는 새끼 고양이의 소뇌 중추신경 재생에 성공했다고 보고하고 있다. 생후 1, 2일의 새끼 쥐를 사용했는데, 척수를 약간 자른 후 쥐의 태아로부터 뜯어낸 척수의 같은 부분을 이식시켰다.

그랬더니 이식된 척수와 이식받은 쥐(이것을 호스트라고 한다)의 척수가 보기 좋게 연결되어 재생되었다. 이러한 실험들이 계기가 되어 많은 실험들이 행하여지고 있다. 그런데 지금까지 알려진 이식으로 판명된 것은 이식하는 뇌는 태아 또는 갓 태어난 새끼의 뇌여야 한다는 것이다. 그러니까 뇌가 성장하면 신경세포에 수초(껍질)가 만들어지지만, 태아나 신생아일 경우에는 그것이 아직 생기지 않은 상태이다. 그런 것이 생기기 전의 뇌세포가 이식 가능성이 많다는 것이다.

또한 중뇌에는 흑질이라는 것이 있는데 거기에는 도파민 세포가 있다. 그런데 그 흑질이 상처를 입으면 파킨슨병이 일어난다고 한다. 그래서 파킨슨병 환자에게 태아의 흑질,

즉 도파민을 분비하는 부신피질을 이식시켰더니 파킨슨병이 치유되었다는 것이다. 말하자면 이식된 뇌가 훌륭하게 활동하게 된 것이다. 이와 같은 실험은 앞으로 뇌 이식을 통해 뇌 손상으로 오는 기능 장애에 큰 도움을 줄 수 있는 가능성을 연 셈이다.

현재 도파민이라는 물질이 없어서 발생하는 파킨슨병 환자의 뇌에 도파민을 분비하는 부신피질을 이식하는 치료가 행하여지고 있다고 한다. 뇌 이식의 실험은 아직 시작 단계에 있다. 전부는 아니더라도 일부분으로 출발한 이식 기술은 점차 발전할 것으로 믿고 있다.

이러한 뇌 이식의 연구가 진전됨으로써 지금까지 불치병으로 여겨졌던 척수 손상이나 뇌경색으로 인한 반신불수 등의 치유도 가능해질 것으로 보인다. 또는 사고로 인해 생겨난 뇌 손상, 기억 상실이나 알츠하이머병 등의 뇌 장애에 많은 도움이 될 것으로 기대되고 있다.

그러나 사람의 인격을 형성하는 부분의 뇌, 예를 들면 기억에 관계되는 해마나 대뇌신피질 같은 것의 이식은 문제가 있을 것 같다. 그 까닭은 기억째 이식된다면 그의 인격이 송두리째 변화가 일어나는 일이 벌어질지도 모르기 때문이다. 어쨌든 아직까지 성인의 뇌 이식이 성공했다는 보고는 없다.

흥미 있는 것은 일반 장기 이식 때 일어나는 거부 반응이 뇌 이식에는 일어나지 않는다는 것이다. 그 이유는 뇌의 '혈액·뇌장벽'이 거부 반응을 일으키는 면역 세포의 뇌

진입을 허용하지 않기 때문이다. 이러한 뇌 이식의 연구가 진전되고 있음에도 불구하고 뇌 이식의 과제에는 많은 난제가 있다. 어쨌든 뇌 이식의 실험은 이제 시초 단계일 뿐이므로 앞으로 많은 발전이 있기를 기대해야겠다.

18. 장래의 전망

IQ란 무엇인가

사람들의 지능이 얼마나 되는가를 조사해 보는 여러 가지 지능검사가 있다. 보통 IQ(Intelligence Quotient, 지능지수)는 정신 연령을 실제 연령으로 나누고 여기에 100을 곱하여 얻은 수치이다. 그러니까 아이의 정신 연령이 얼마나 앞서고 있는가를 표시하는 발달상의 지표인 것이다.

프랑스의 비네라는 사람에 의해 고안된 이 지능지수에 대해 사람들이 관심을 가지는 것은 당연하다고 하겠다. 문제는 지능지수가 우리의 실제 생활에 얼마나 도움을 주는가 하는 데 있다. 우리가 흔히 말하는 지능이라는 것에는 일반지능과 특수 지능이 있다. 일반 지능은 "사물을 일반화하는 두뇌의 활동"을 말한다. 예를 들어 헬리콥터와 독수리를 눈앞에 살짝 보이게 하면, 보통은 하늘을 날아간다는 추리를 하게 되고, 그것의 공통적인 요소를 찾아내는 등의 두뇌 활동을 말한다.

한편 특수 지능이란 운동 능력, 소리와 색채에 대한 감수성, 촉각, 후각 따위의 감수성이나 기억 등에 대한 우뇌의 활동, 또는 음악에 대한 감수성이나 손끝 감각의 예민성이 뛰어난 두뇌 활동을 말한다. 그러나 우리가 흔히 사용하는 지능검사는 일반 지능의 검사뿐이다.

그러므로 IQ검사로 지능지수가 높다고 해서 반드시 우수한 두뇌라고 할 수는 없다. 왜냐하면 특수 지능도 지능이기 때문이다. 예를 들면 음악가, 미술가, 운동선수, 바둑기사 등 얼마나 많은 재능인이 있는가? 하지만 그들을 지능지수로 평할 수는 없다.

또 한 가지 중요한 사실은 지능지수는 16세 정도까지만 의미가 있지 그 이후는 거의 의미가 없다는 점이다. 이 말은 지능의 발달은 14세경까지 현저하게 성장하고, 그 후로는 완만하다가 18세에서 20세가 되면 절정에 달하기 때문이다.

따라서 뇌의 병이나 외상 등으로 인해 그 후의 지적 발달이 없으면 IQ는 떨어질 수밖에 없다. 가령 5세아의 IQ가 150이었다고 하면 그 아이는 7세 반의 지적 연령에 달해 있다는 것이 되지만, 그곳에서 정지되었다면 7세 반에는 IQ가 100의 보통 사람이고, 15세에는 IQ 50이라는 정신 발달 지체자(정신박약자)가 되는 것이다.

또한 16세의 소년이 IQ 200이었다고 하면 그는 32세의 어른과 맞먹는다고 보아야 할 것인데, 과연 그것이 현실적으로 의미가 있는 것일까? 또한 사람의 지능 발달에는 개인차가 있어 조숙한 사람이 있는가 하면 늦은 사람도 있게 마련이다. 그래서 옛날 천재가 오늘은 보통인이라는 말도 나오게 된다.

물론 지능 검사의 필요성도 인정해야 하고 능력 검사를 통해 새로운 발전을 위한 노력을 기울이게 되는 이점이 있는 것도 사실이다. 그러나 결코 그 사람의 모든 지적 능력을 표시하는 것이 아님을 알아야 한다. 더군다나 사람의 창조적 능력은 절대로 IQ로 잴 수 없다는 것을 잊지 말자. 그러니까 지능 검사란 뇌의 발육 단계를 나타내는 검사일 뿐이지 성인이 되어 완성된 뇌의 좋고 나쁨을 나타내는 지표는 아니라는 말이다. 따라서 지능지수는 평생 변하는 것이 아니라는 사고방식은 잘못된 것이다.

EQ란 어떤 것인가

미국의 잡지 타임지가 대니얼 골맨의 저서 'Emotional Intelligence'를 특집으로 소개한 적이 있다. 그것이 크게 화제가 되어 세계 각국에서 관심을 기울일 뿐만 아니라 유아교육가들이 앞다투어 그 필요성, 교육법 등을 역설하는가 하면, 또 유아교육을 담당하는 학원가에서는 그 방식으로 우리가 교육하고 있다고 선전함으로써 많은 사람들의 주목이 집중되고 있다.

그래서 그가 주장한 것을 IQ와는 상반되는 개념이라는 점에서 이것을 EQ(Emotioal Quotient, 감성지수)라는 새

용어로 사용하고 있다. 그러면 EQ는 어떤 것인가? 앞에서 언급한 대로 골맨은 IQ, 즉 읽고 쓰기, 또는 계산하고 판단하는 것과는 그 질을 달리 하는 정서 또는 감정, 감성적인 것이 인간에게 절대 중요하다는 것을 주창했다.

말하자면 그런 정서적인 것이 인간의 우수 여부를 측정할 수 있는 잣대라고 말하고 있다. 따라서 자기 감정을 자각할 수 있는 능력, 충동을 자제하고 불안이나 분노 등의 마이너스 감정을 제어하는 능력, 어떤 일로 인해 좌절을 당했을 때도 낙관적인 마음으로 자기 스스로를 다스리고 격려하는 능력, 타인의 마음을 살펴주고 연민을 느끼며 공감해 주는 능력, 타인과 협력해 나가는 사회적인 능력, 자제, 열의, 인내, 의욕, 동정 등이 바로 EQ를 측정하는 것으로 여기고, 그것이 바로 인간의 능력이 있고 없음을 결정하는 것이라고 했다.

그러니까 골맨은 IQ가 높은 사람이 반드시 성공한다고 할 수는 없다고 말하고 있다. 왜냐하면 한 사람의 IQ가 높다고 할지라도 EQ가 낮으면 결코 사회에 적응할 수가 없으므로 오히려 실패할 가능성이 많다는 것이다. 확실히 수재가 성공한다는 지금까지의 관념이 반드시 이 복잡한 세상에서 적용될 것인가는 누구나 한번쯤 고개를 갸우뚱할 것 같다. 그토록 인간 관계가 이 세상에서는 매우 중요하고, 그것의 성공 여부와 직결되어 있음을 부인할 수가 없기 때문이다.

지금은 자기를 컨트롤하고, 타인과의 관계를 원만하게

하고, 사회인으로서의 자각과 책임 의식이 매우 중요한 때이다. 더욱이 자기 혼자만이 제일이라는 이기주의는 이 세계에서 살아 남을 수 없는 새 시대의 물결이기도 하다. 서로 함께 살아간다는 공동체 의식이 필요할뿐더러 그러한 인물이 바로 이 시대가 요구하는 지도자상일 것이다. 그런 점에서 EQ라는 마음의 지능지수도 필요한 것이 사실이다. 깊은 관심을 가지고 살아가는 지혜가 필요할 때이다.

그러나 지금까지 누누이 강조한 바이지만, 감성 등은 무엇보다도 주변 환경의 영향을 받게 마련이고, 특히 어린아이일수록 그것은 강력하게 몸에 박히게 된다. 따라서 가정교육의 중요성은 두말할 나위가 없다. 따뜻한 부모의 사랑 밑에서 자란다는 것은 정서 안정의 절대 조건이다. 그러므로 EQ의 성과는 가정에서부터 시작되는 것임을 잊지 말자.

다시 강조하거니와 정서나 감정과 같은 것은 절대적으로 어린아이 때 겪은 인간 관계에서 형성되는 것이므로 원만한 가정 생활, 특히 부부 생활이 자녀들에게 미치는 영향은 절대적이고, 가족 관계야말로 한 인간의 인간됨의 기초가 된다는 것을 명심해야겠다.

아름다운 인간성에의 기대

인간이 다른 동물과 다른 이유 중의 하나는 이성과 지성을 가지고 사고하며 고도의 문화 생활을 영위하고 있기 때문이다. 그러한 이성과 지성은 인간이 가지고 있는 대뇌신피질 때문이다. 말하자면 대뇌신피질은 다른 동물이 가지고 있지 않은 여러 가지 능력을 가지고 있는데 그중의 하나가 창조하는 능력이다. 그 능력으로 인해 우리가 현재 누리고 있는 모든 문명의 이기와 그것을 통해 생긴 문화의 풍토 속에서 살고 있는 것이다. 결국 우리 인간은 놀라운 생의 의욕을 가졌고, 그 생의 의욕은 더 풍부하고 편리한 삶을 위해 많은 창조를 해냈다.

모든 것이 얼마나 편리해졌는가? 신속한 교통 수단, 눈부신 통신 정보의 신장, 거기에다 컴퓨터의 발명 등은 우리의 생활과 환경을 바꾸어 놓았다. 그러나 부작용이 나타나기 시작했다. 문명의 이기가 언제 우리를 해치는 흉기가 될지도 모른다는 불안이 생겼다.

공해는 어떤가? 공기의 오염으로 '산소방'이라는 신종 영업이 생기고, 핵폐기물의 저장을 포함한 쓰레기 문제는 도시 생활의 큰 골칫거리이다. 지구의 온난화 문제까지도 문명이 가져다 준 해독이고, 풍부한 생활 때문에 일어난 낭비와 사치, 한편으로는 식량의 부족으로 겪고 있는 기아 사태 등 머리가 돌아갈 지경이다.

풍요함으로 오는 생활의 변화는 수많은 사람들의 방종과 타락을 가져왔고, 거기에 당연히 수반되는 범죄의 증가, 향락을 위한 마약 사용자는 이제 청소년들에게까지 급속도로 퍼져 가고 있다. 보다 나은 세상을 위해 헌신한 사람들이 있는가 하면, 그런 사람들을 핍박하고 생의 의욕을 송두리째 빼앗아가는 파괴자들도 많다. 위대한 문명을 낳은 생의 창조의 정신을 짓밟고, 도리어 인류 멸망을 앞당기게 하며, 불안과 절망의 나날을 보내게 하는 극악한 인간들도 도처에 기생하고 있다.

그들이 종교의 이름으로 또는 한 국가의 지도자라는 이름으로 인간을 짓밟고 있는 거대한 우상으로 인간을 압제하고 군림하고 있는 것도 사실이다. 그러나 '생의 창조'라는 위대한 사명을 가지고 있는 인간이라면 잘못된 이단자들을 몰아내고, 인간 본래의 모습을 지니고 살 수 있는 세상으로 복귀케 하는 일에 동참해야 할 것이다. '생의 창조'자는 결단코 오늘의 현실 앞에서 낙심하고 좌절해서는 안 될 것이다. 지성과 이성을 지닌 인간이 다시 '동물'로 돌아갈 수는 없다.

네덜란드의 교육학자 랑게펠트는 "사람은 교육되는 동물이다. 따라서 인간은 교육되지 않아서는 안 되는 동물이다"고 했는데, 그것은 인간은 보육이나 교육하기에 따라서 무엇으로도 될 수 있는 가능성이 있다는 말이다.

어떤 뇌과학자는 뇌를 사용하는 것이 인간을 젊게 만들고 생기 있는 삶을 영위하는 가장 큰 특효약이라고 말하고 있다. 그것을 한마디로 표현하면 어떤 일을 만나서 감동하는 행위라고 했다. 그는 또 말하기를 한 남자가 거리에서 스쳐 지나가는 한 젊은 미인을 만났을 때 잠시 동안 뒤돌아본 경험이 있다면 그의 두뇌는 아직 젊다고 했다. 그저 흘려 보낼 간단한 이야기 같지만 그러한 감정, 감동이야말로 인간적이라고 표현할 수 있다.

그것은 어떠한 고성능 컴퓨터도 가질 수 없는 인간만의 특성이기도 하다. 따라서 우리가 인간으로서의 활력을 지니고 살기 위해서는 이러한 감동을 지녀야 젊음도 싱싱함도 유지될 뿐만 아니라 우리의 뇌기능도 활성화될 것이다. 그런데 컴퓨터와 같은 기계는 사용할수록 마모되고 고장도 생기지만, 인간의 뇌는 사용할수록 싱싱하게 젊음을 보존한다.

이미 언급한 대로 뇌를 사용하는 것은 뇌에 보내는 혈액량을 증가시키는 것인데, 중요한 것은 뇌혈류량을 높여 활력의 수준을 올리기 위해서는 뇌를 계속하여 사용해야 된다는 것이다. 평소에 산소가 충분히 공급되고 있는 뇌는 성숙기가 지나도 뇌세포의 감소가 적어지며, 실제로 나이가 들어도 뇌세포는 거의 감소되지 않는다고 한다.

그러므로 인간적인 능력, 사람다운 삶을 창조하고 있는 '문화적인' 역할을 담당하는 전두엽에 평소에 적극적으로 혈액을 공급하는 일이 필요하다. 그러기 위해서 인간다운 두뇌의 활동을 일상 생활 중에 활발하게 해야 하는 것은 물론이다.

그래서 항상 '흥미'나 '관심'의 눈을 열어 아름다운 것, 훌륭한 것, 깨끗한 것, 뛰어난 것 등을 순수하고 솔직하게 받아들여야 한다. 그런 것을 잘 받아들이는 역할을 하는 곳이 감각뇌라고 일컬어지는 우뇌이고, 받아들인 감동을 창조 활동으로 이끌어가는 것이 논리뇌라고 하는 좌뇌의 역할이다. 이렇게 좌와 우의 두 뇌가 활성화되고, 주위의 모든 일들이 감동의 연속이 되며, 그것을 창조로 연결하는 준비가 된다면 우리의 두뇌는 언제나 젊게 활동할 것이다.

우리의 뇌는 창조하는 뇌이다. 그것은 우리 자신과 주변의 모든 사람들에게 감동을 주는 삶의 방식이 아닐까? 우리 인간은 창조의 능력을 가지고 있다. 그 창조는 아름다운 인간만이 가지고 있는 매우 중요한 것이다. 아름다움이란 사람다운 인생관을 가진 상식적인 삶의 방식을 영위하는 사람이어야 한다.

그래서 우리의 창조는 인간다운 삶의 목적을 지니고 살아가는 것을 위해 배우고 행하는 뚜렷한 목적 의식을 지니고 살아가는 사람, 곧 인간미가 넘치는 사람이어야 할 것이다. 그런데 인간성의 강조는 오늘날 세상에서 너무도 많은 비인간적인 일이 일어나고 있기 때문이다. 비인간적이란 말은 결국 동물적이라는 말이다.

인간은 인간 이외의 동물, 즉 본능적 활동만을 위해 살아가는 동물로 떨어져서는 안 된다. 아름다운 인간성을 지닌 인간다운 인간이 많아져야 이 세상은 아름다운 세상이 될 것이다. 그것이 우리 인간의 뇌가 해야 할 지상 명령일 것이다.

하지만 이러한 인간성은 결코 하루 아침에 이루어질 수 없다. 주변에 이런 일을 위해 도와주는 사람들과 환경이 있어야 한다. 그 일은 어려서부터 시작되어야 한다. 세살 버릇 여든까지라는 말은 가장 적절한 말이다. 따라서 육아 교육의 중요성, 그것도 아름다운 인간을 위한 교육은 아무리 강조해도 지나치지 않는다.

한 인간의 고귀한 삶을 위해서는 부모를 비롯한 주변 사람들의 가르침과 협조 없이는 불가능하다. 짐승 밑에서 자란 아이가 짐승처럼 될 수밖에 없듯이 사람도 그 주변의 가르침과 영향을 절대로 받게 마련이다.

18세기의 계몽과 논전이 극심한 프랑스 문화의 와중에서 화려하게 활동하다가 실의의 운둔 생활 끝에 67세로 생을 마친 교육가 장자크 루소의 대표작 '에밀'을 소개해 본다. 5권에 이르는 그의 교육론 '에밀' 제1권 모두에서 그는 "자연 그대로 기른다"고 했다. 루소 자신이 부모가 없는 어린 남자아이의 전권을 맡은 가정교사가 되어 교육해 나간다는 형식으로 엮어져 있다.

주인공 에밀의 사람됨을 기록해 보면, "20세가 넘은 청년으로 정신과 육체가 건전하고, 활발한 성격에 손재주가 좋고, 풍부한 감각과 이성적이고 선량한 성품에, 인간미가 넘치고, 바른 품행과 좋은 취미, 아름다운 것을 좋아하고, 선한 일을 행하고, 잔혹한 정념에 빠지는 일이 없고, 세상의 여론에 속박되지 않고, 지혜로운 규범을 지키고, 우정의 목소리에 따르고, 몇 사람을 기쁘게 할 수 있는 유익한 재능을 가졌고, 재물에는 거의 관심이 없고, 자기 재간으로 생활하는 수단을 가졌고, 어떤 일이 일어나도 빵에 매어 살지 않는다."

참으로 이상적인 청년의 모습이다. 여기에다 우리가 더 보태어, 세계의 모든 나라와 협조하고, 모든 민족, 인종을 초월하는 평화주의자로서의 인간상, 우리의 뛰어난 뇌만이 할 수 있는 장래의 기대를 적어보았다. 분명히 모두가 아름다운 인간상을 지닌 세계가 이루어지리라 믿고 싶다.

맺는말

뇌에 대한 조그마한 책을 끝맺으면서 참으로 감개가 무량하다. 사실 필자에게는 엄청난 작업이었다. 무척 힘들었다. 어찌 불만이 없겠는가. 그러나 그런 대로 만족하겠다. 더 이상은 불가능하기 때문이다.

21세기에 들어선 우리는 선진국의 반열에 선다는 꿈이 현실화되고 있다. 그것의 달성을 위해서는 위대한 두뇌가 필요하다고 모두들 역설하고 있다. 그런데도 내가 가지고 있는 자신의 두뇌 구조도 기능도 모르고 또 단점도 모르고 있다. 어떻게 위대한 두뇌를 양성할 것인지에 대한 계획이 없다면 무엇인가 잘못된 일이 아니겠는가.

그래서 필자는 「뇌를 알면 인생이 바뀐다」를 펴내게 된 것을 자랑스럽게 생각하고 있다. 필자가 알게 된 것만큼 알려드리는 것이기에 그것이 비록 작은 것이지만 어느 누군가에게 유익함을 주고 흥미를 가지도록 할 수 있을 것이라는 기대 때문이다. 하루 빨리 더 상세하고 훌륭한 내용, 그것도 새로운 뇌의 지식이 담뿍 담긴 내용의 책이 나오기를 기대한다.

한 뇌과학자는 "우리가 뇌를 완전히 안다는 것은 장래에도 절대 불가능할 것이다"고 말했으나 결코 멈출 수 없는 일이 뇌를 연구하는 일이다.

저자와의
계약으로
인지생략

뇌를 알면 인생이 바뀐다

2003년 5월 25일 초판제1쇄인쇄
2003년 5월 30일 초판제1쇄발행

지은이 · 주득명

펴낸이 · 박명호

펴낸데 · **명지사**

등록 · 1978년 7월 8일 제5-28호

서울특별시동대문구장안동369-1

전화 : 2243-6686 · 팩스 : 2249-1253

e-mail · myeongjisa@yahoo.co.kr

ISBN 89-7125-165-7 03470

잘못된 책은 바꾸어 드립니다.

값 12,000원

독서 메모